荒漠区公路交通建筑设计实例

李 栋 ▣ 主编

知识产权出版社
全国百佳图书出版单位
—北京—

图书在版编目（CIP）数据

荒漠区公路交通建筑设计实例 / 韩莹，李栋主编 . —北京：知识产权出版社，2022.9
ISBN 978-7-5130-8356-0

Ⅰ . ①荒… Ⅱ . ①韩… ②李… Ⅲ . ①荒漠—交通运输建筑—建筑设计—研究—新疆
Ⅳ . ①TU248

中国版本图书馆 CIP 数据核字（2022）第 174745 号

内容简介

本书主要以新疆荒漠区公路交通建筑设计实例为依托，针对荒漠区高速公路沿线服务设施、收费设施、管理设施、养护设施及汽车客运站等工程，从项目特点、总体规划、功能配置、建设规模、具体措施、关键技术的应用等方面进行了系统的归纳和总结，提出了荒漠区公路交通建筑的设计思路、设计要点和设计方法等，希望能为类似交通建筑项目的设计提供借鉴和参考。

本书可供交通建筑设计、施工、科研人员及交通部门管理人员参考使用。

责任编辑：张雪梅　　　　　　　　　　责任印制：孙婷婷

封面设计：曹　来

荒漠区公路交通建筑设计实例

HUANGMOQU GONGLU JIAOTONG JIANZHU SHEJI SHILI

韩　莹　李　栋　主编

出版发行：知识产权出版社 有限责任公司		网　　址：http://www.ipph.cn	
电　　话：010 - 82004826		http://www.laichushu.com	
社　　址：北京市海淀区气象路 50 号院		邮　　编：100081	
责编电话：010 - 82000860 转 8171		责编邮箱：laichushu@cnipr.com	
发行电话：010 - 82000860 转 8101		发行传真：010 - 82000893	
印　　刷：北京建宏印刷有限公司		经　　销：新华书店、各大网上书店及相关专业书店	
开　　本：720mm×1000mm　1/16		印　　张：14.25	
版　　次：2022 年 9 月第 1 版		印　　次：2022 年 9 月第 1 次印刷	
字　　数：250 千字		定　　价：78.00 元	

ISBN 978-7-5130-8356-0

前　言

我国是世界上荒漠面积较大、分布较广的国家之一，荒漠区主要分布在新疆、内蒙古、青海、西藏、甘肃等省区。由于荒漠区公路交通建筑的特殊性和复杂性，在设计理念、设计标准、建设规模、关键技术、人性化设施、智慧化设计等方面，还存在理解不够透彻、水准有待提高等问题，亟须对设计过程中的各个环节总结经验，形成共识，寻求新理念、新突破，以适应当下的新形势、新需求。

近几年来，新疆交通规划勘察设计研究院有限公司下属的建筑设计院完成了疆内外多项公路交通建筑的设计，并在设计过程中以市场和产业化为导向，积极探索交通与旅游、物流等产业融合发展的新方向，按照创新、协调、绿色、开放、共享的发展理念，结合区域特点，科学地对公路交通建筑进行规划，力争打造快速、便捷、高效、安全的综合交通建筑。在此过程中，对公路交通建筑开展了一些研究，积累了一定的设计经验。本书即以新疆的荒漠区公路交通建筑为例，对荒漠区公路交通建筑的设计进行介绍。

本书共分6章，以新疆荒漠区公路交通建筑设计实例为依托，针对荒漠区高速公路沿线服务设施、收费设施、管理设施、养护设施及汽车客运站等工程，从项目特点、总体规划、功能配置、建设规模、关键技术的应用等方面进行了系统的归纳和总结，提出了设计思路和设计方法，希望能为其他类似项目提供借鉴和参考。

本书由华北理工大学建筑工程学院韩莹副教授和新疆交通规划勘察设计研究院有限公司李栋正高级工程师担任主编，新疆交通规划勘察设计研究院有限公司史丽、邓泽、李杰担任副主编。其中，韩莹编写第1章，史丽高级工程师编写第2章，孙郊高级工程师编写第3章部分内容，于桂云工程师编写第3章部分内容及第4章，郑思敏高级工程师编写第5章，李锟高级工程师编写第6章，申禄高级工程师参与了第6章部分内容的编写。邓泽高级工程师对书稿进行了校对，李杰正高级工程师对稿件进行了审核。薛玉文和温俊鹏参与了本书部分内容的编写和资料收集整理工作。

本书在编写过程中得到了新疆交通投资（集团）有限责任公司、新疆交通投资建设管理有限责任公司的大力支持，在此表示衷心感谢！

由于编者水平有限，加之时间仓促，本书中难免存在许多不足之处，希望读者提出宝贵的意见，以便编者不断完善本书内容。

目　　录

第1章 绪 论

1.1 荒漠区公路交通建筑概述

随着经济的发展和科技的进步，交通工具不断升级，并日益改变着人们的出行。与交通的发展相适应，交通建筑也在不断发展。交通建筑包括机场航站楼、铁路客运站、公路客运站、港口客运站、地铁轻轨站、公路服务区和城市公交换乘站等。在我国西部地区，由于地理、气候等原因，城市之间的交通主要依靠公路，并且大部分公路交通建筑（主要为公路服务区和公路客运站）处于新疆、内蒙古、青海、西藏、甘肃等省的沙漠、戈壁等区域。

我国西部荒漠区跨度广、面积大，公路的建设有着不同于东部地区的要求和难度，服务区的设计也不同于东部地区城际的服务区。以新疆荒漠区小草湖服务区（位于 G30 连霍高速公路乌鲁木齐至托克逊段）为例，其地处三十里风区，风力强度大且大风出现次数多，阵风最高可达 13 级，因此在设计上要考虑当地的气候特点。另外，由于荒漠区地域广，服务区的设施不能利用城市的市政管网，而要进行独立设计，因此设计思路和设计方法与东部城际的服务区存在很大差异。

本书以新疆荒漠区的公路交通建筑为例，对荒漠区的公路交通建筑设计进行介绍，其设计理念和设计方法也适用于内蒙古、甘肃等省区的荒漠区。

1.2 荒漠区公路交通建筑发展现状

1.2.1 荒漠区公路网概况

公路交通网络的逐步完善促进了经济发展，提高了出行的便利性。截至 2018 年年底，内蒙古高速公路通车里程达 6630km。根据《内蒙古自治区高速公路网规划（2019—2030 年）》，内蒙古高速公路里程建设远期规划至 12 096km。截止到 2020 年，新疆全区公路通车总里程达 20.9×10^4 km（如图 1.1 所示，其中新疆生产建设兵团为 3.7×10^4 km）；全区公路密度按土地面积计算为 12.57km/100km²，比 2019 年提高了 0.90km/100km²；全区等级公路里程为

18.24×10⁴km（其中新疆生产建设兵团为 2.57×10⁴km），比 2019 年年末增加 1.84×10⁴km，占全区公路总里程的 87.2%，比 2019 年年末提高 2.6 个百分点。

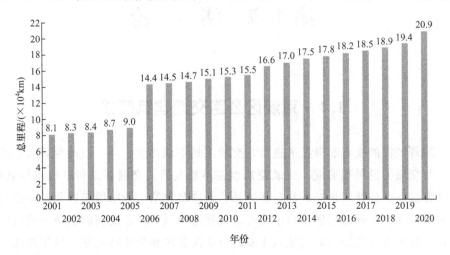

图 1.1   新疆全区 2001—2020 年公路总里程增长情况

截至 2020 年年底，新疆全区高速公路通车总里程为 5555km，比 2019 年年末增加了 262km，高速公路通车里程占全区公路总里程的 2.7%；一级公路通车总里程为 2085km，占全区公路总里程的 1.0%，如图 1.2、图 1.3 和图 1.4 所示。

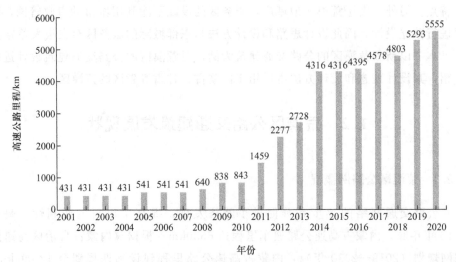

图 1.2   新疆全区 2001—2020 年高速公路里程增长情况

根据线位规划方案，新疆维吾尔自治区内国家公路网总里程为 26 344km（按照近期方案统计），其中国家高速公路（以下简称国高）为 4731km（未含国

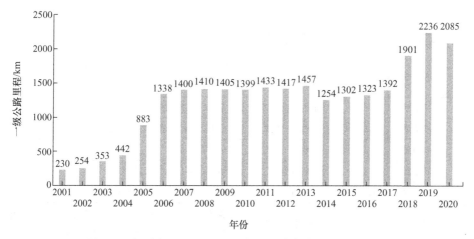

图 1.3　新疆全区 2001—2020 年一级公路总里程增长情况

高乌鲁木齐绕城线 158km），另设
远期展望线 3405km，普通国道
19 164km（其中与国高共线路段
为 956km）。若按照远期方案统
计，则普通国道规划里程为 19
218km，除 G216 乌鲁木齐过境段
等个别路段外，将不存在与国高
共线的情况。

　　规划的国家高速公路网（不含
远期展望线）中，已建成 2057km，

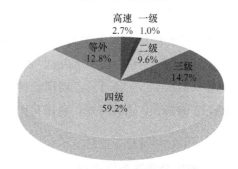

图 1.4　2020 年新疆全区公路里程
按技术等级构成情况

在建 1750km，待建 924km（包括目前可视为贯通的路段 565km）。3405km 的国高
远期展望线中，有 169km 已经建成，另有 71km 在建（表 1.1）。

表 1.1　国家高速公路新疆境内路线布局方案

序号	路线类别	编号	路线起讫点	主要控制点
1	联络线	G0612	西宁—和田	西宁、湟源、海晏、天峻、德令哈、茫崖、若羌、且末、民丰、于田、和田
2	主线	G7	北京—乌鲁木齐	北京、张家口、集宁、呼和浩特、临河、额济纳旗、哈密（梧桐大泉）、伊吾、巴里坤、奇台、阜康、乌鲁木齐
3	联络线	G0711	乌鲁木齐—若羌	乌鲁木齐、库尔勒、若羌
4	主线	G30	连云港—霍尔果斯	连云港、徐州、商丘、开封、郑州、洛阳、西安、宝鸡、天水、兰州、武威、嘉峪关、哈密、吐鲁番、乌鲁木齐、奎屯、霍尔果斯（口岸）

序号	路线类别	编号	路线起讫点	主要控制点
5	联络线	G3012、G3013	吐鲁番—和田及伊尔克什坦	吐鲁番、库尔勒、库车、阿克苏、喀什、和田及伊尔克什坦（口岸）
6	联络线	G3014	奎屯—阿勒泰	奎屯、克拉玛依、阿勒泰
7	联络线	G3015	奎屯—塔城	奎屯、克拉玛依、塔城、巴克图（口岸）
8	联络线	G3016	清水河—伊宁	清水河、伊宁
9	联络线	G3018	精河—阿拉山口	精河、阿拉山口（口岸）
10	联络线	G3019	博乐—阿拉山口	博乐、阿拉山口（口岸）
11	联络线	G4218	雅安—叶城	雅安、天全、泸定、康定、理塘、巴塘、芒康、八宿、林芝、拉萨、日喀则、噶尔、叶城

资料来源：《国家公路网规划（2013 年—2030 年）》。

　　普通国道新疆境内规划路线（按照近期方案）中，与国高共线 956km，占 4.7％；普通国道之间共线 1023km，占 5.1％；利用原线 6785km，占 33.6％；利用省道 6081km，占 30.1％；利用农村公路 2265km，占 11.2％；利用专用公路及市政路 919km，占 4.6％；利用兵团公路 913km，占 4.5％；新建 1246km，占 6.2％。

1.2.2　荒漠区公路服务区概况

　　我国的荒漠区绝大部分分布在西北部的新疆、内蒙古、青海三个省区，新疆和内蒙古荒漠区几乎分布在全区。新疆现有服务区 64 个，其中 61 个位于荒漠区，占比达到 95.3％。内蒙古现有服务区 87 个，其中 51 个位于荒漠区，占比达到 58.6％。青海省荒漠区主要分布在西北部，全省现有服务区 21 个，其中 10 个位于荒漠区，占比达到 47.6％。

1.2.3　荒漠区公路客运站概况

　　荒漠区气候干燥，终年少雨或几乎无雨，日气温变化剧烈，其独特的气候特点是设计人员在设计交通建筑时必须考虑的因素。据统计，新疆全区客运站为 511 个，荒漠区内客运站数量占比高达 98％；内蒙古、青海、西藏、甘肃各省区内客运站数量分别为 231 个、75 个、48 个、218 个，其中荒漠区内客运站数量分别为 180 个、26 个、10 个、90 个，分别占全省区内客运站总数量的 78％、35％、21％、41％。

1.3 新疆荒漠区公路交通建筑发展现状

1.3.1 公路服务区发展现状

公路服务区是在公路沿线为司乘人员提供的用于停车、休息、餐饮、住宿、购物、加油和汽车维修等的专门区域。随着新疆全区公路通车总里程的不断增长，实现了疆内各地（州、市）之间的快速连接。服务区是伴随着公路的出现而产生的，服务区的数量也随着公路总里程的增长而增长。以新疆维吾尔自治区首府乌鲁木齐市为例，其作为新疆公路交通的枢纽，乌奎高速公路上服务区共有四个，分别为三坪服务区、五工台服务区、石河子服务区和奎屯服务区；G30 小草湖至乌鲁木齐段服务区共有两个，分别为小草湖服务区和盐湖服务区；S21 阿勒泰至乌鲁木齐段服务区共有两个，分别为黄花沟服务区和吉力湖服务区。

1.3.2 主要服务区概况

新疆主要服务区概况见表 1.2。

表 1.2 新疆主要服务区概况

设计时间	路段	服务区名称	建筑面积/m²	建筑层数	气候分区
2009 年	奎屯—克拉玛依	五五新镇服务区	3171.28	四层	严寒 C 区
	连霍国道主干线梯子泉—红山口	一碗泉服务区	560.27	一层	寒冷 B 区
	连霍国道主干线星星峡—哈密段	星星峡服务区	478.44	一层	寒冷 B 区
		骆驼圈子服务区	478.44	一层	寒冷 B 区
2010 年	G314 线库尔勒—库车段	库车服务区	1127.78	二层	寒冷 A 区
		阳霞服务区	1169.96	二层	寒冷 B 区
2011 年	小草湖—和硕	乌什塔拉服务区	2564.22	二层	严寒 C 区
2012 年	国道 218 伊宁—墩麻扎	榆其翁乡服务区	2685.26	三层	寒冷 A 区
	星星峡—吐鲁番二期	沙尔湖服务区	2245.86	二层	寒冷 B 区
	福海渔场—阿勒泰段	北屯服务区	2254.78	二层	严寒 B 区
		福海渔场服务区	2254.78	二层	严寒 B 区
2013 年	喀什—伊尔克什坦口岸公路	乌恰服务区	2262.56	二层	严寒 C 区
	三岔口—莎车	巴楚服务区	2245.86	二层	寒冷 A 区
		莎车服务区	2245.86	三层	寒冷 A 区
		英吾斯塘服务区	2245.86	二层	寒冷 A 区

设计时间	路段	服务区名称	建筑面积/m²	建筑层数	气候分区
2015 年	吐鲁番—小草湖	葡萄沟服务区	2352.43	二层	寒冷 B 区
	和田—墨玉	和田服务区	2098.59	二层	寒冷 A 区
	喀什—疏勒	色地服务区	2400.76	二层	寒冷 A 区
	明水—哈密（甘新段）	白山泉服务区	1974.67	二层	寒冷 B 区
		鸭子泉服务区	1975.67	二层	寒冷 B 区
2016 年	G216 索尔库都克—恰库尔图	恰库尔图服务区	2249.77	二层	严寒 B 区
	G335 梧桐大泉—伊吾	下马崖服务区	2444.40	二层	严寒 B 区
	G314 包库都克—玉尔滚	羊塔克库都克服务区	2444.40	二层	寒冷 A 区
	S315 蜂场—尼勒克	吉林台服务区	1987.33	二层	严寒 C 区
	乌奎（乌鲁木齐—奎屯）	三坪服务区	2896.17	二层	严寒 C 区
		五工台服务区	1752.76	一层	严寒 C 区
		奎屯服务区	2053.19	一层	严寒 C 区
		石河子服务区	1649.90	一层	严寒 C 区
2017 年	G579 库拜玉（库车—拜城—玉尔滚）	克孜尔服务区	2142.23	二层	寒冷 A 区
		察尔齐服务区	2142.23	二层	寒冷 A 区
	喀叶墨（喀什—叶城—墨玉）	叶城服务区	2142.23	二层	寒冷 A 区
		昆玉服务区	2142.23	二层	寒冷 A 区
		木吉服务区	2142.23	二层	寒冷 A 区
	G30 小草湖—乌鲁木齐	小草湖服务区	2794.90	二层	寒冷 B 区
		盐湖服务区	2522.90	二层	严寒 C 区
	G335 塔岔口—托里—塔城—巴克图口岸	庙尔沟服务区	2175.01	二层	严寒 B 区
		托里服务区	2175.01	二层	严寒 C 区
	S21 北屯—五家渠	103 团服务区	2828.90	二层	严寒 B 区
		五家渠服务区	2175.01	二层	严寒 C 区
		克拉美丽服务区	2175.01	二层	严寒 B 区
2019 年	G216 民丰—黑石北湖公路	苦牙克服务区	2175.01	二层	寒冷 A 区
	国道 314 线布伦口—红其拉甫	麻扎尔服务区	2828.90	二层	严寒 B 区
		紫花牧场服务区	2828.90	二层	严寒 B 区

设计时间	路段	服务区名称	建筑面积/m²	建筑层数	气候分区
2020 年	G218 尉犁—35 团	尉犁服务区	2175.01	二层	寒冷 A 区
		英库勒服务区	2175.01	二层	寒冷 B 区
		铁干里克服务区	2175.01	二层	寒冷 B 区
	G315 民丰—洛浦	民丰服务区	2175.01	二层	寒冷 A 区
		于田服务区	2175.01	二层	寒冷 A 区
		策勒服务区	2175.01	二层	寒冷 A 区
	G0711 乌鲁木齐—尉犁	永丰服务区（西区）	4341.22	三层	严寒 C 区
		永丰服务区（东区）	2592.46	一层	严寒 C 区
	S21 阿勒泰—乌鲁木齐	黄花沟服务区	2175.01	二层	严寒 B 区
		吉力湖服务区	3376.00	二层	严寒 B 区
	S519 梧桐大泉—沙泉子	白石泉服务区	2828.90	二层	寒冷 B 区
	若羌—民丰	若羌西服务区	2175.01	二层	寒冷 B 区
		瓦石峡服务区	2175.01	二层	寒冷 B 区
		阿克提服务区	2175.01	二层	寒冷 A 区
		且末服务区	2175.01	二层	寒冷 A 区
		萨尔瓦墩服务区	2175.01	二层	寒冷 A 区
		苏塘服务区	2175.01	二层	寒冷 A 区
		安迪尔服务区	2175.01	二层	寒冷 A 区
		牙通古孜服务区	2175.01	二层	寒冷 A 区

1.3.3　公路客运站发展现状

近年来新疆航空及高速铁路的快速发展使旅客的出行方式更加多样、便捷，同时对公路客运站的发展造成一定的冲击。截至 2019 年年底，全区道路等级客运站为 511 个，较上年末减少 36 个，降幅为 6.6%（图 1.5）。全区累计完成经营性道路客运量和旅客周转量分别为 1.57 亿人次和 111.38 亿人公里（不含城市客运），较上年分别下降 9.8% 和 9.6%（图 1.6）。

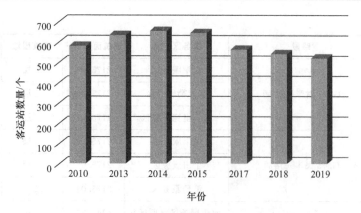

图 1.5　新疆全区部分年份等级客运站总数

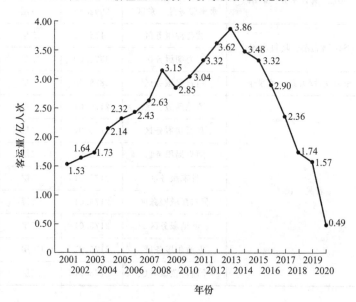

图 1.6　新疆全区 2001—2020 年公路客运量

1.3.4　新疆荒漠区客运站概况

新疆部分客运站概况见表 1.3。

表 1.3　新疆部分客运站概况

名称	建设年份	总建筑面积/m²	建筑层数	气候分区
吐鲁番汽车站	1987	4846.91	三层	寒冷 B 区
昌吉汽车站	1988	2724.04	三层	严寒 C 区

名称	建设年份	总建筑面积/m²	建筑层数	气候分区
塔什库尔干汽车站	1988	784.54	二层	严寒 B 区
博乐汽车站	1989	3408.72	五层	严寒 C 区
叶城汽车站	1989	2345.20	四层	寒冷 A 区
霍城汽车站	1990	2565.87	五层	寒冷 A 区
额敏汽车站	1990	1809.00	四层	严寒 C 区
阿拉山口汽车站	1990	1550.98	二层	严寒 C 区
北屯汽车站	1991	3987.00	二层	严寒 B 区
富蕴汽车站	1991	2252.03	四层	严寒 B 区
木垒汽车站	1991	2230.00	五层	严寒 C 区
玛纳斯汽车站	1991	2196.68	四层	严寒 C 区
大河沿汽车站	1991	2558.87	四层	寒冷 B 区
精河汽车站	1991	2231.77	三层	严寒 C 区
乌恰汽车站	1991	1589.53	三层	严寒 C 区
塔城汽车站	1992	5300.00	三层	严寒 C 区
疏附汽车站	1992	1765.91	三层	寒冷 A 区
布尔津汽车站	1992	2417.79	四层	严寒 B 区
伊宁县汽车站	1992	2475.54	五层	寒冷 A 区
阿勒泰汽车站	1993	3541.93	三层	严寒 B 区
鄯善汽车站	1993	2342.10	四层	寒冷 B 区
青河汽车站	1993	2020.00	四层	严寒 B 区
吉木萨汽车站	1993	2002.00	四层	严寒 C 区
石河子汽车站	1994	3975.32	二层	严寒 C 区
呼图壁汽车站	1994	2280.00	二层	严寒 C 区
三道岭矿区汽车客运站	2007	1281.13	二层	寒冷 B 区
阿图什市阿扎克乡客运站	2009	371.17	一层	寒冷 B 区
阿图什市松塔克乡客运站	2009	220.12	一层	寒冷 B 区
和静县铁尔曼区客运站	2009	220.12	一层	寒冷 A 区
墨玉县阔其乡客运站	2009	220.12	一层	寒冷 A 区
叶城县铁提乡客运站	2009	220.12	一层	寒冷 A 区
莎车县荒地镇客运站	2009	220.12	一层	寒冷 A 区
莎车县阿瓦提镇客运站	2009	220.12	一层	寒冷 A 区
莎车县乌达力克乡客运站	2009	220.12	一层	寒冷 A 区

续表

名称	建设年份	总建筑面积/m²	建筑层数	气候分区
莎车县托木吾斯塘乡客运站	2009	220.12	一层	寒冷A区
疏附县巴仁乡客运站	2009	220.12	一层	寒冷A区
疏附县托克扎克乡客运站	2009	220.12	一层	寒冷A区
疏附县夏马勒巴格乡客运站	2009	220.12	一层	寒冷A区
乌什县依玛木乡客运站	2009	220.12	一层	寒冷A区
伊宁市塔什科瑞克乡客运站	2009	220.00	一层	寒冷A区
吉木萨尔镇客运站	2010	699.64	二层	严寒C区
昌吉市榆树沟区工业园区客运站	2010	699.64	二层	严寒C区
阿瓦提县阿依巴格乡客运站	2010	371.17	一层	寒冷A区
阿瓦提县拜什艾日克镇客运站	2010	371.17	一层	寒冷A区
阿瓦提县塔木托格拉乡客运站	2010	220.12	一层	寒冷A区
昌吉市北郊客运站	2010	220.12	一层	严寒C区
昌吉农业园区华兴农业基地客运站	2010	371.17	一层	严寒C区
阜康市城关镇客运站	2010	220.12	一层	严寒C区
吉木萨尔县五彩湾矿区客运站	2010	220.12	一层	严寒C区
沙雅县托依堡乡客运站	2010	371.17	一层	寒冷A区
阿合奇汽车站	2012	5638.69	五层	严寒C区
沙雅汽车站	2012	3987.75	二层	寒冷A区
洛浦汽车站	2015	4038.43	四层	寒冷A区
策勒汽车站	2016	6968.77	七层	寒冷A区
民丰汽车站	2016	2402.48	三层	寒冷A区
阿格达拉镇客运站	2016	919.87	一层	严寒B区
阿瓦提县二级汽车客运站	2016	2583.30	二层	寒冷A区
阿克苏中心汽车站	2017	10307.45	六层	寒冷A区
乌什汽车站	2017	3193.69	二层	寒冷A区
新和汽车站	2017	3917.68	四层	寒冷A区
库车汽车站	2019	6433.28	三层	寒冷A区
和布克赛尔客运首末站	2020	7103.17	四层	严寒B区

第2章 荒漠区高速公路服务设施设计

2.1 高速公路服务区概述

2.1.1 我国高速公路的发展

中华人民共和国成立之初，全国能通车的公路仅 8.08×10^4 km，而到 2018 年年末，全国公路总里程已达到 484.65×10^4 km。70 多年来，我国走向现代化的综合交通运输体系正呈现在世界面前。条条高速遍神州，中国的发展走上快车道。1984 年 12 月 21 日，由上海市区通往嘉定、长约 18.5km 的沪嘉高速公路破土动工；1990 年 9 月 1 日，全长 375km 的沈大高速全线通车，成为当时通车里程最长的高速公路；2017 年，北京到新疆的京新高速公路全线贯通，总里程约 2540km，成为目前世界上穿越沙漠和戈壁、里程最长的高速公路。截止到 2020 年年底，我国高速公路总里程已达 16.1×10^4 km，里程规模位居世界第一位。

我国成为名副其实的交通大国，有力地支撑了国家综合实力的大幅跃升。"十三五"时期，我国高速公路里程保持世界第一位，我们用规模巨大、内畅外联的综合交通运输服务体系支撑着世界第二大经济体的运转，正在奋力开启加快建设交通强国的新征程。

我国是世界上荒漠面积较大、分布较广、荒漠化危害较严重的国家之一，荒漠区呈一条弧形带绵延于我国的西北、华北北部和东北西部，荒漠、戈壁和荒漠化土地总面积约为 130.8×10^4 km²，主要分布在新疆、甘肃、内蒙古、宁夏、青海、吉林、辽宁、陕西及黑龙江九省区。

近年来，我国西北地区公路工程建设投资力度逐年加大，2017 年建成通车的京新高速（北京至乌鲁木齐高速公路）是国家高速公路网规划中的第七条放射线，全长 2582km，其中内蒙古境内里程为 890km，甘肃境内里程为 160km，新疆境内里程为 180km。作为国家西部大开发的交通要道，京新高速贯通后，构筑了一条在我国北部进入新疆最快、最便捷的大通道。京新高速主线工程全长 930km 的临白段是世界上穿越沙漠最长的高速公路路段，横穿内蒙古西部巴彦淖尔市和阿拉善盟，采用双向四车道高速公路标准，设计行车速度在 100km/h 以上。

2.1.2 新疆高速公路的发展

新疆地域辽阔，经过改革开放 40 多年来的努力，交通运输建设得到长足发展。1998 年 8 月 20 日，吐鲁番—乌鲁木齐—大黄山高等级公路建成通车，是新疆利用世界银行贷款建成的第一条长距离高等级公路。2000 年 11 月 3 日，乌鲁木齐—奎屯高速公路正式通车，标志着新疆的公路建设迈上了一个新的台阶。从此，新疆进入了高速公路快速发展的时代。新疆高速公路建设的迅速发展、交通运输设施的日趋完善极大地满足了人民群众对交通运输的需求，基本形成了以乌鲁木齐为中心，以国家高速公路为主骨架，环绕并穿越准噶尔和塔里木两大盆地，辐射地、州、市、县和农牧团场，东联甘肃、青海，南接西藏，西出中亚、西亚各国，北达蒙古国的干支线公路交通网。发展"一带一路"沿线的经济，新疆具有独特的区位优势，发挥着向西开放的重要窗口作用，也必将发挥丝绸之路经济带上重要的交通枢纽和商贸物流中心的作用。新疆交通运输建设迎来大发展大繁荣的重要历史机遇。

近年来，新疆不断加大公路建设力度，持续推进环准噶尔盆地和塔里木盆地全面高速化，南北疆高速公路双环线渐趋形成。北疆的 G30 连霍高速、奎屯至阿勒泰高速公路及 G216 线富蕴至五彩湾公路已投入使用，新疆环准噶尔盆地高速公路圈基本形成。G7 京新高速梧桐大泉至木垒段、S20 五工台至克拉玛依一级改高速公路、S21 阿勒泰至乌鲁木齐高速公路、尉若高速、若民高速等多个高速公路项目建成通车。截至 2022 年 1 月，新疆高速公路总里程超过 7000km，路网构架更完善，为全疆经济社会高质量发展提供了不竭动力。"疆内环起来、进出疆快起来"的目标取得重大进展。

2.1.3 新疆高速公路服务区的现状

服务区又称驿站或服务站，是高速公路建设必备的配套设施。古代驿站即为现今服务区的早期形式，是专供差途中的官府人员和战事情报人员食宿、换马的场所。随着时代的发展，高速公路通车里程不断增加，高速公路服务区总量稳步增长，功能设施日趋完善，服务水平日益提高，由为高速公路使用者提供停车休息、餐饮住宿、如厕、购物、车辆维修、加油、加气、充电等基本服务发展到提供观景、休闲、娱乐、商务和文化交流等多层次服务功能。服务区依据占地面积大小和功能设置不同，一般分为大型服务区、中型服务区和小型服务区。

截至目前，由于新疆尚未出台关于高速公路服务区的相关规划和设计规范，全国其他省份服务区的规划、设计形式和建设标准参差不齐、差别很大，在服务区的运营、管理、使用过程中，新疆现有服务区存在的问题慢慢暴露出来，突出表现在以下几个方面：

1）服务功能不完善。主要表现为缺少针对不同类型服务区、不同客群的差异化服务，没有体现"需求到哪，边界就在哪"的功能设计理念。

2）总体布局欠合理。主要表现为宏观路网中的局部区域服务设施布设不合理，部分服务区还存在场区内分区不合理、交通流线设计不合理等问题。

3）缺少人性化设施。主要表现为缺乏人性化设计的整体方案，如停车场缺少无障碍停车位，公共卫生间缺少无障碍厕位，室内外缺少供司乘人员休憩的设施等。

4）绿色化、智慧化不足。主要表现为污水处理、垃圾收集等环节采取的技术方案不完善，建设阶段采用的建筑智能化技术有所欠缺，以及运营阶段的智慧化程度不高等。

5）内部流线散乱，经营业态落后。主要表现为服务区综合服务楼内部布局散乱，流线相互干扰；服务区内的经营业态较少，且布局与消费者的消费习惯和消费行为不吻合，致使经营状况不理想。

6）重建设轻配套，服务水平和质量有待提高。除服务区规划不合理、功能不健全外，服务水平也亟待提升。相关标准缺位导致新疆高速公路重建设、轻配套、轻服务现象突出，有的地方甚至出现高速公路通车已经几年，但服务区、停车区仍未投入使用或未开工建设的情况。服务区服务意识、服务质量、服务水平滞后于高速公路的建设，已成为制约新疆高速公路事业实现跨越式发展的关键。

2019 年，按照《全国高速公路服务区服务质量等级评定标准》，新疆投入3998 万元对 53 对高速公路服务区进行升级改造，重点对公共卫生间、第三卫生间等满足社会公众基本出行需求的设施进行改造，配备符合环保要求的污水处理设备，增设母婴室、"司机之家"等人性化服务设施；餐饮服务实现明厨亮灶，便利店推行同城同价，并通过停车位显示系统和路况、路线、周边旅游资源、特色餐饮、天气等综合查询系统实现"服务区＋旅游"服务功能，助推交通和文旅产业相融合。

2.2 高速公路服务区的特点和作用

高速公路服务区主要有休息室、停车场、卫生间、餐厅、汽车维修等配套服务设施。服务区对高速公路的运营和维护、过往车辆维修、驾乘人员休息和促进地方经济发展起到了重要的推动作用。

2.2.1　高速公路服务区的使用对象

高速公路服务设施的使用对象主要包括三类，即司乘人员、机动车辆和管理人员，基本服务设施应能满足使用对象基本的需求（表 2.1）。

表 2.1　高速公路服务设施使用对象需求

使用对象	功能需求	基础设施
司乘人员	休息、如厕、就餐、购物、住宿、洗浴、应急救援、信息服务	消防设施、污水处理设施、垃圾处理设施、锅炉房及相关热力管线、储物仓库、供电照明设施、绿化和给排水设施
机动车辆	加油、加水、维修、拖吊、停车、检修	
管理人员	办公场所、工作用房、住宿、就餐、娱乐设施	

2.2.2　高速公路服务区的服务特点

高速公路服务区具有自身独特的管理运营模式和规律特点，是高速公路管理环节中的重要一环。管理好服务区既是广大司乘人员的迫切希望，也是高速公路管理体系自身的需求。高速公路服务区的服务主要具有以下特点。

（1）服务对象的流动性和机动性

经过高速公路服务区的车辆驾驶人员和乘客流动性、机动性大，一般只是短暂的就餐和休息，较少有住宿的需求，"回头客""常住客"极少，因此和一般的宾馆、饭店有着明显的不同之处。顾客的流动性增加了服务的难度和不稳定性。

（2）服务对象的一次性和单一性

高速公路服务区的服务对象通常是高速公路上行驶的驾驶员、旅客及高速公路执法管理人员，他们通常是作短暂停留和休息。国内的高速公路服务区不像国外的服务区建有大型购物中心及其他娱乐设施，所以纯粹以消费为目的到服务区消费的顾客非常少，这就决定了服务区的经营管理服务对象的单一性和一次性。

（3）客流量的不稳定性

高速公路的客流量随节假日和季节而变化，客流量呈现周期性波动和不稳定发展的趋势，而服务区的经济收益主要取决于高速公路的客流量。一般情况下，客流量多则服务区经济效益好，反之则经济效益差。各个服务区的服务内容，如经营范围、服务质量等存在差别，也造成了经营服务效益的不稳定和波动。

（4）服务需求的多样性

高速公路上行驶的车辆和驾乘人员是多种多样的，他们的消费水平和喜好也是多种多样的，根据不同的消费需求、旅行时间的长短和需求的紧急程度，服务区需要提供多样性的服务，以达到快捷、高效、迅速、优质的服务目标。

（5）地理位置的特殊性

高速公路服务区是高速公路的重要组成部分和附属设施，是在高速公路规划修建的时候就要一同考虑的。高速公路全封闭性运营，它隔断了高速公路上的司乘人员与外界的联系。而高速公路服务区是在高速公路出入口及环境比较有特色的地方修建的，它为公路上的驾乘人员提供休息的地方，缓解他们的行车疲劳，保证行车安全。在一般情况下，服务区修建在远离市区的地方，从而决定了高速公路服务区地理位置的特殊性。

2.2.3　高速公路服务区的特点

总体来说，高速公路服务区具有以下特点：

1）系统性。高速公路全面封闭运营，在高速公路上往往只能通过服务设施满足需求。服务区的服务设施自成体系，可以提供一系列的配套服务，如加油、停车、餐饮、购物、信息服务等。因此，高速公路网中的服务区具有系统性。

2）网络性。高速公路每隔一段距离需要设置一个服务区，服务区之间相互影响，并彼此联系。服务区在布局上形成一个相互接触和相互影响的网络，服务的提供具有网络特征。

3）时空差异性。高速公路的每个服务区处于不同的地理条件和地理环境，具有不同的功能和作用。

4）层次性。不同层次的服务区具有不同的功能和作用，服务区按服务设施划分为服务区（SA）和停车区（PA）。从优化的角度来看，服务区的供给应具有层次性，而不是一味求全，否则可能造成资源的浪费，也不利于发挥高速公路的优势。

5）周期规律性。由于人的自然作息规律，高速公路服务区在固定的周期内会出现相似的客流、货流高峰和低谷，呈现明显的周期规律性。如果以天为周期，客流高峰出现在白天，而货流高峰出现在晚上；如果以周为周期，客流高峰出现在周末；如果以年为周期，客流高峰出现在"黄金周"假期、夏季和冬季假期，"春运"期间客流量也显著增加。货物流通和峰值货运量则随着季节而波动。把握服务区的周期规律性，有利于更好地进行服务区的建设、经营与管理等。

2.2.4　新疆荒漠区服务区的特点及行车特征

新疆地域辽阔，大多数公路位于荒漠戈壁地区，如阿拉尔至和田公路和尉犁至且末公路，具有里程长、周围环境单一、风大沙多、缺水少电、沿线人烟稀少、部分路段穿越无人区等特点，为司乘人员提供保障行车安全的支撑点是交通工程设计的重要内容之一。当前，国内外相关标准、规范对普通高速公路服务设施的设计提供了较为全面的依据，但针对荒漠戈壁地区高速公路服务设施建设缺少可实施的规定，不能有效指导工程实际。交通运输部《关于西部沙漠戈壁与草原地区高速公路建设执行技术标准的若干意见》（交公路发〔2011〕400号）提出，对于交通量较小，供水、供电困难路段，其服务区间距可适当加大，且要相应增大服务区的用地面积和建筑面积，但对于服务区间距增大到多少、用地面积和建筑面积相应增大多少等没有提供可以参照的定量准则。

荒漠区高速公路的主要行车特征如下：

1）区位意义重大，区域路网简单，路线里程长。

2）沿线多为荒漠戈壁地区，人烟稀少，部分路段穿越无人区，地形地物单调，行车易疲劳，项目周边取水、接电困难。

3）所经地区自然环境恶劣，干燥少雨，日照强烈，温差较大，风沙频繁，常有沙尘暴。

4）交通量以过境交通为主，交通组成中大货车及拖挂车比例高，驾驶者多为长途行车，交通事故多为疲劳驾驶、高温爆胎和超速行驶等。

5）互通立交间距大。

2.2.5　高速公路服务区的作用

服务区作为高速公路的重要组成部分，保障了车辆在高速公路上全封闭行车，保障了行驶车辆和司乘人员的物质需求，也保障了沿线设施的正常运行。总的来说，高速公路服务区的作用体现在以下几个方面。

（1）服务区是高速公路的基本设施

高速公路采取全封闭性运营，隔断了高速公路上的司乘人员与外界的联系。服务区是高速公路的重要组成部分，为司机和乘客提供休息、如厕、购物、用餐、住宿、电子设备使用、加油、车辆维修等场所，为司乘人员提供了保障。

（2）服务区为车辆的持续行驶提供保障

司机在高速公路上长时间行驶，很容易疲劳；同时，由于高速公路线形单调，容易导致司机注意力降低。在高速公路上每行驶约2小时，应休息15分钟或更长时间。服务区为司乘人员提供了自由休息的场所，从而确保司机快速、安全地行驶。由于高速公路与外界隔离，长时间、长距离、高速行驶时车辆很容易出现故障，尤其随着社会经济的发展，高速公路上行驶的超长、大中型货车比重逐渐上升，车辆的故障率也相应提高。在服务区内对车辆进行维修保养或者对事故车辆进行维修，能够保证车辆安全行驶。

（3）实现高速公路经济收入

高速公路服务区内部除公共厕所、停车场、免费休息场所等公共设施之外，宾馆、维修设施、超市、餐厅等附属设施提供的都是有偿服务。良好的经营管理模式，多方面、多层次的优质服务，不但满足了过往车辆和司乘人员的需求，也为高速公路产业链带来可观的经济效益和社会效益。

2.3　荒漠区高速公路服务区的总体规划

2.3.1　服务区的间距

1. 现行标准、规范等的规定

《高速公路交通工程及沿线设施设计通用规范》JTG D80—2006 规定："服务区的平均间距不宜大于 50km；最大间距不宜大于 60km。"《公路工程项目建设用地指标》（建标〔2011〕124 号）规定服务区间距为 50km。《公路工程技术标准》JTG B01—2014 规定：服务区的位置应根据区域路网、建设条件、景观和环保要求等规划和布设；高速公路服务区应设置停车场、加油站、车辆维修站、公共厕所、室内外休息区、餐饮、商品零售点等设施；服务区平均间距宜为 50km。交通运输部（交公路发）〔2011〕400 号文件《关于西部沙漠戈壁与草原地区高速公路建设执行技术标准的若干意见》中明确规定："对于交通量小，供水、供电困难路段，其服务区间距可适当加大。"

2. 服务区需求分析

（1）车辆加油、加气需求

加油、加气是服务区应提供的基本服务，服务区的间距要确保车辆在燃油、燃气耗尽前能够到达前方加油、加气站补充燃油、燃气。调查结果显示，82.1%以上的司机认为加油、加气站的距离应该在 40～80km。

（2）人的生理需要

通常情况下人平均每 1.5～3.0 小时需要如厕一次。调查数据显示，客车平均连续行驶时间为 2.16 小时，货车平均连续行驶时间为 3.25 小时。因此，考虑到充分满足大多数司乘人员的需求，高速公路服务设施的间距不宜大于 100km。

（3）安全行车要求

相关法规明确规定，连续驾驶机动车不得超过 4 小时未停车休息或者停车休息时间少于 20 分钟，否则属于违法。从交通安全角度考虑，一般在高速公路上连续行车 1～2 小时，需要考虑停车休息 5～10 分钟。因此，高速公路服务设施的间距不宜大于 100km。

3. 类似荒漠区服务区设置经验

根据调查，国内类似荒漠区已建、在建高速公路服务区中，服务区间距保持在 80～100km，停车区与服务区间隔设置，间距一般保持在 40～50km，并适当增加服务区用地面积，见表 2.2。

表 2.2　国内类似荒漠区高速公路服务区的设置情况

省区	高速公路名称	里程/km	服务区数量/个	通车情况
宁夏	银古高速	72.7	3	通车
	古王高速	94	3	通车
陕西	榆靖高速	115.92	1	通车
	榆蒙高速	88	1	通车

根据理论分析及经验借鉴，荒漠区服务区间距应保持在 80～100km，停车区与服务区间隔设置，间距保持在 40～50km。应结合项目的交通量预测及大型车比例，确定服务设施用地指标基准值及调整系数，并根据适当增大服务区用地面积的原则设置服务区。

2.3.2　服务区的选址

荒漠区建设条件艰苦，高速公路服务区的选址应在满足主线构筑物、线形等要求的基础上尽量考虑水、电相对便利的路段，以降低前期施工难度，减少后期运营成本。

1. 选址的影响因素

（1）场地地形

场地的地形影响了服务区的建设难度。除选择建设难度较小的点位外，还应尽量选择较为平坦的地势而避免选择洼地，尽量选择荒地而避免选择耕地，尽量避免选择高填深挖路段等。

（2）主线线形

主线的曲线半径和纵坡坡度对服务区的选址影响较大。在曲线路段，选址应尽量避免曲线半径较小的路段，使驶入驶出服务区的车辆具有较好的视线条件。在有纵坡的路段，选址应尽量避免陡坡，首选纵坡的顶端，以便于司机识别服务区的位置。

（3）水、电等基础设施的供给

基础设施的供给也是服务区选址的影响因素之一。由于高速路段远离市政管网，自来水费用高，需选择地下水储水量达到设计要求的点位作为服务区，否则无法保证服务区基本的运行。

（4）沿线城镇的位置

高速公路沿线的城镇进出交通量较大，对于服务设施的需求也较大。服务区选址靠近周边城镇，一方面可利用大股消费人流获得经济效益和社会效益，另一方面可利用城镇的市政设施和人力资源。

（5）沿线收费站的位置

采用服务区与收费站同址布置的方式，一方面可适当减少征地的手续，节约土地开发的建设资金，另一方面可利用较大的人流量带动物流商贸业的发展。

（6）风景旅游资源

在自然环境优美、靠近风景旅游资源的地点修建服务区，可满足游客的休闲需求，也可为旅游景区吸引客流、提供服务，达到双赢的效果，形成规模效应。优美的风景对缓解驾驶员连续驾驶导致的神经和肌体疲劳非常有效。国内外高速公路均将风景区附近作为服务区的首选地址，如沪宁高速阳澄湖服务区依阳澄湖而建，驶入的车辆数明显多于其他服务区。

2. 选址的原则

综合上述影响因素，荒漠区高速公路服务区的选址应符合以下原则：

第一，满足服务区之间的间距要求；第二，选择在场地地形和公路线形合适的路段；第三，选择水、电等基础设施供给难度较小的路段；第四，选择在交通流量较大的路段，如较大的城镇附近、交通枢纽附近、收费站附近；第五，选择在景观条件较好的路段。服务区的选址在遵从既定原则的基础上还可视具体的环境、道路条件和交通状况等因素而保持灵活性。

服务设施选址应结合服务设施的功能、地形环境等条件，贯彻《公路工程项目建设用地指标》（建标〔2011〕124 号）中的相关要求，在选址的过程中充分遵循以下原则：

1）因地制宜原则。服务设施的选址需充分考虑地形地貌、土地占用、拆迁量等因素，尽可能保证服务设施所需的用地规模及形状，将服务区设置在地质条件较好、耕地占用少、拆迁量小的路段，同时避免位于高填深挖路段、高压走廊、地震断裂带区域等。

2）文化生态保护原则。服务设施的选址应遵循所在地区的城市规划，并优先考虑历史文化氛围浓厚、自然地理环境优越、特色产品丰富的地段，充分发掘所在地区的商业、旅游资源，提高附加值，拉动地方经济发展，提升服务设施的对外形象。

3）区位优先原则。在水、电等基础设施供给难度较小的路段，需优先考虑设置服务设施；在靠近较大城镇、交通流量较大的路段，如较大的城镇附近、交通枢纽附近、收费站附近，需优先考虑设置服务设施；在大城市附近，受货车进城时间段的限制，对服务设施的需求度高，也需优先考虑设置服务设施。

4）统筹规划原则。在多条道路交汇或相邻的交通枢纽地，服务设施应根据路网整体布局进行设置，还可考虑设置为共用的大型服务设施，以提高土地利用率。

2.3.3　服务区的布局形式

服务区的总平面布置应根据服务区选址、用地形状、原有地形、地质和自然景观灵活选择布置形式。服务区的布局一般分为三种形式，即分离式、集中式和上跨架空式。

1. 分离式服务区

分离式服务区是将停车场分别布置于主线两侧的总平面布置形式，分为外向型、内向型和中间型。分离式服务区的优点是服务区布局和功能设施分布比较清晰，便于对司乘人员进行更好的管理。其缺点是对于交通量较小的路段，会增加占地面积，增加建设、运营成本，降低服务区的经济效益。

（1）外向型布局

外向型布局是餐厅、超市或便利店、休息室、公共厕所等功能设施布置在停车场外侧的形式，也是最普遍的形式（图2.1）。此种布局使人和车辆的活动空间及人的眺望范围限于高速公路主线和主要建筑之间，视野较差，不利于交通分离和大型车停行，交通秩序较乱，对地形要求较高，对原地貌破坏严重。但这种总平面布置形式便于司乘人员驶入服务区时识别服务设施的位置，且布局比较紧凑，可缩小司乘人员的活动空间，节约服务区占地。

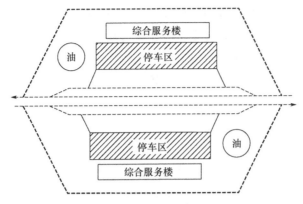

图 2.1　外向型布局

注：⊙油表示加油（气）站，以下各图标注同此。

（2）内向型布局

内向型布局是沿着服务区的四周贯穿车道，餐厅、超市或便利店、休息室、公共厕所等功能设施布置在停车场内侧的形式（图2.2）。内向型布局适用于开阔的丘陵地区、沿途风景秀丽的高速公路旁，而在视距受到限制的地区效果不佳。此种总平面布置形式有利于服务区被司乘人员识别，也有利于两侧服务区间的交流。但由于主要建筑靠近主线，车辆噪声污染严重，且影响服务设施的安全性。

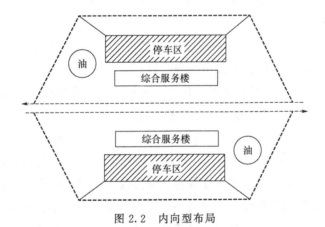

图 2.2　内向型布局

（3）中间型布局

根据交通组织的需要，停车场可采用分功能、分车型的分散布局，并利用绿化带和服务区建筑进行隔离，称为中间型布局（图2.3）。一般服务区主要建筑和绿化带平行于高速公路主线，并在主要建筑前后平行布置停车场。此种总平面布置形式景观较好，不同车型可实现绝对的空间分离，交通秩序较好，各种设施和绿化区域利用率高，但占地面积较大。也可采用服务区主要建筑和绿化带垂直于高速公路主线布置的形式，并在主要建筑两侧布置停车场。此种总平面布置形式占地紧凑，景观较好，不同车型可实现空间分离，交通秩序较好，各种设施和绿化区域利用率高，但对交通组织要求较高。

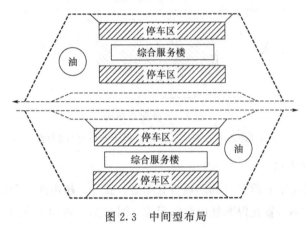

图 2.3　中间型布局

2. 集中式服务区

集中式服务区包括单侧集中式和中央集中式两种。

（1）单侧集中式

单侧集中式是上行和下行两个方向的服务区集中布置在主线的一侧。也可将加油、加气站等设施布置在行车方向同侧，另一侧不设置或仅设置少量的服务设施（图 2.4）。这种形式将主要的购物、休息、餐饮等设施集中设置在高速公路一侧，最多只将加油、加气站和停车设施分布于高速公路两侧，适用于主线两侧可用土地面积不均衡等情况。其优点是客流量较小时，餐厅、公共厕所、客房、办公设施、水电配套设施可以集中使用，能够有效地利用场地，节约运营成本，有利于眺望路侧的景观。近期客源较少的分期修建的服务区可采用这种形式。其缺点是需要将一侧车辆经过跨线桥引导至道路另一侧，当道路上的重车、拖挂车所占比例较大时，对桥梁承载、宽度、转弯半径等要求较高；总平面布置形式要求两侧服务区在同一断面或距离较近，并需修建能够满足一定车流量需求的两侧服务区。

（2）中央集中式

中央集中式是指服务设施设置在高速公路主线两方向行车道中间，一般用于分离式断面而路侧空间有限的路段（图 2.5）。美国的高速公路大多采用宽中央分隔带。例如，美国 95 号公路 Delaware House Travel Plaza 服务区，由于在城市附近，受用地和地形限制，两条高速公路共用一个服务区，采用中央集中式布局。

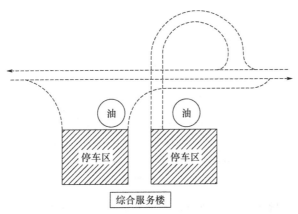

图 2.4　单侧集中式布局

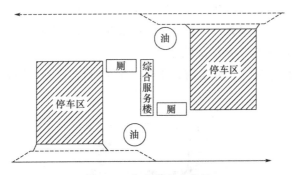

图 2.5　中央集中式布局

　　其优点是：一方面，可以有效地利用各种建筑附属设施，如餐厅、公厕等，减少了员工数量，节约用地；另一方面，两侧车辆的服务需求一起解决，形成规模经济，可以降低成本，提供更全面的服务。其缺点是：分流、合流车道位于行车道左侧的快速车道上，存在较大的安全隐患；单侧式布局的停车场和匝道设计、施工较为复杂。因此，在有其他选择的情况下应避免使用此种服务区布局形式。

3. 上跨架空式服务区

　　上跨架空式服务区是将餐厅、休息室、超市或便利店等设施利用主线上方或下方的空间集中在一起，其余设施分别布设于高速公路两侧的设置形式，属于分离式服务区的一种典型形式（图 2.6），结合了双侧式服务区和单侧式服务区的优点。

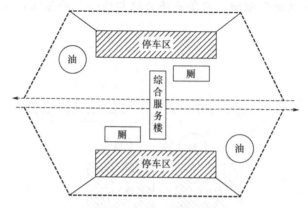

图 2.6　上跨架空式布局

其优点：一是服务区主体建筑占地面积较小，充分利用高速公路主线上的空间，节约用地，方便管理，节约运营成本，适用于丘陵、山区等路侧空间受限或挖方段道路；二是主体建筑在高速公路之上，有很好的广告效果，有利于服务区的经营。宁常高速滆湖服务区（图 2.7）采用双塔大楼横跨高速，宏伟大气，进出匝道设计简洁，场内设施布设紧凑。

其缺点是：服务区主体建筑跨越主线，施工难度较大，造价相对较高。

图 2.7　宁常高速滆湖服务区

服务区三种布局形式的比较见表 2.3。

表 2.3　服务区布局形式比较

布局形式	优点	缺点	需优化的方面
分离式	建筑费用相对低，车流进出方便，人流多点进出，便于疏散，远离主线，噪声小	人流多点进出，商业效益差，布局分散，管理难度大，土地利用率较低	分散的建筑用廊道连在一起，需注意加强建筑的引导性和整体性

布局形式	优点	缺点	需优化的方面
集中式	管理集中，管理成本低，人流密集，节省用地，商业效益好，土地利用率高	建筑成本相对高，容易出现换卡逃费和 U 形行驶，反方向车辆进出不便	设置反方向验卡出口，防止 U 形行驶和逃费，上下行停车区域严格分开
上跨架空式	美观，节省用地，管理集中，商业效益好，便于观赏高速公路主线的景观	建筑成本高，不适合接待各种文化层次的旅客，换卡逃费的概率高	选点需要充分论证，宜设置在城镇密集处

综上所述，一般对于规模较大的综合服务区来说，在实际地形条件、土地资源允许的情况下可以考虑采用双侧分离式服务区；在高速公路主线的一侧为平整的土地，另一侧不便于建设服务设施的情况下，可以考虑采用单侧集中式布局；在土地资源严格受限制的情况下可以考虑采用上跨架空式服务区。

对调研的 200 对服务区进行统计分析，显示高速公路服务区 93.05% 为分离式（其中采用外向型的为 79.49%），0.53% 为集中式，6.42% 为单侧式。

调研显示，新疆荒漠区高速公路服务区的布局方式基本上全部为分离式，路段空间布局主要采用对称式，即高速公路两侧服务区规模一致。这种对称式分布不仅有利于修建，也符合大众的审美观。但也不能一概而论，有些高速公路路段车流特性不同于其他路段，即使是在同一地理位置上，服务区所服务上、下行车流流量也有很大的差别，如果忽略这种差别而采用对称式分布，即对两侧服务区进行相同的配置，则会直接影响服务区的服务水平。例如，G30 线上阿热勒服务区即采取对称式分布，根据课题组的调查，阿热勒西侧服务区日驶入量平均为973 辆，东侧为 531 辆，相差较多，造成阿热勒西侧服务区服务设施明显不足，而东侧服务区的服务设施又相对闲置。

因此，应该对高速公路上、下行的交通量进行统计后综合考虑确定服务区的布局形式，才不至于造成资源闲置或者供不应求的局面。

2.3.4　总平面流线设计

进入服务区的加油、加气站平面流线布局主要有三种方式：一是出口加油式，二是入口加油式，三是中间加油式。

1.　出口加油式

平面流线为进入服务区→停车（如厕、休息、用餐、购物、修车等）→充电→加油、加气→驶出服务区。按照这种流线布置的服务区在出口处设置加油（气）站（图2.8）。从主路至场区内部依次设置绿化带、停车场、场区主要道路、服务用房前广场、服务用房、场区次要道路、配套附属设施、绿化带。出口加油式优先考虑人，使驾驶员有充分的时间考虑车辆是否需要修理，且可以在设施出口处再检查一次。对这种布局要考虑从停车场向前就能看到加油站，或用贯穿式车道妥善地引导至加油站，以方便不使用休息厅、餐厅、厕所等的车辆直接前往加油站。为便于交通组织，一般推荐采用这种布设方式。

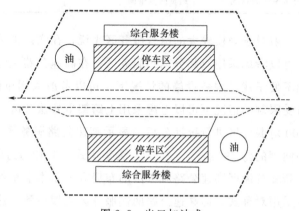

图 2.8　出口加油式

2. 入口加油式

平面流线为进入服务区→加油、加气→停车（如厕、休息、用餐、购物、修车等）→驶出服务区。按照这种流线布置的服务区在入口处设置加油（气）站（图2.9）。从主路至场区内部依次设置绿化带、停车场、场区主要道路、服务用房前广场、服务用房、场区次要道路、配套附属设施、绿化带。入口加油式的优点是车辆一进入服务区就可以立刻加油、加气。从交通管理方面看，车辆在高速公路上行驶时，最重要的是加油和车辆的检修，加油（气）站布置在入口处，很容易看见，司机可根据需要进行加油与修理，也能起到广告的作用。其缺点是车流量大时容易发生拥堵。因此，当用地受限时可采用这种布设方式。

3. 中间加油式

加油站布置在整个服务区的中间，在使用顺序上没有明确的规定，比较灵活（图2.10）。采用这种流线形式，若处理不好易对驾乘人员的休息造成一定干扰，因此一般不采用这种形式。

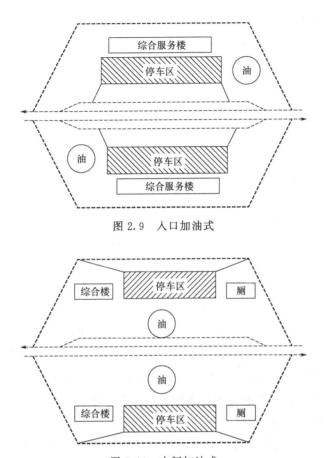

图 2.9 入口加油式

图 2.10 中间加油式

根据调研，我国高速公路服务区加油站的设置基本上都为两侧对称式，加油站所处位置中，出口式占 78.12%，入口式占 12.46%，中间式占 8.59%（因调研的服务区中个别服务区条件受限而未设置加油站，故三种形式之和小于 100%）。

综上所述，服务区的总平面流线设计中，在条件许可的情况下优选采用出口加油式的布置方式。加油区的行车道布置中转弯半径应放大，更有利于保证超长、超宽等车辆加油前后安全行驶。

2.3.5 服务区的总平面设计

服务区内的建筑物以集中布设为主，可合理、有效利用占地面积；停车场及场区内道路的面积不宜小于整个场区用地面积的 60%。锅炉房、水泵房、变配电室、发电机房、污水处理和垃圾分类（处理）等附属配套设施应设置在场区后部，通过场区次要道路及绿化带将其与服务用房分开，达到美化环境、方便管理的目的。附属配套设施的设置还需综合考虑风向、地形、管线布置、景观效果等因素，遵循科学、适用、经济的原则。

1. 总平面设计

1）应充分考虑用地形状和地形、地质、景观特征，灵活布置场内建筑和停车位。

2）服务区的车辆出口和入口、停车场进出口道路与贯穿车道连接处的转弯半径不应小于 24m，停车视距不应小于 40m。服务区内其他车行道转弯半径不应小于 12m，停车视距不应小于 30m。

3）场区内行车路线应按主次车道分开，主车道不应直接连接到停车车位上或直接导向综合楼的出入口处，主车道宽度不小于 7.0m，次车道宽度不小于 4.5m。

4）注意客车、货车的停车场应分开布置，且小型车与中、大型车的停车场完全分开。特种车辆、危险化学品运输车辆应设置独立的停车场，与其他建筑物、构筑物和停车场保持足够的安全距离，并设置易于识别的标识，宜配置消防器材等防火应急设施。

5）公共厕所、餐厅、休息室与停车场的最短步行距离不宜超过 50m。公共厕所宜靠近小型车停车位和大型客车停车位设置。停车场至公共厕所、服务楼等设施应考虑无障碍设施设计。

6）各建（构）筑物的间距应满足防火要求，消防通道的设置以相关建筑设计规范为依据。

7）污水处理站应设置在场区标高较低的方位，方便排放污水。污水处理站可根据实际需要分区独立设置或合并设置。

8）绿化景观可结合场区布局设置，进出车道两侧及中、大型车辆停车场不宜设置易遮挡视线的灌木，小型车停车场可设置能够遮荫的乔木，综合楼室外休息区域可与绿化景观结合设置，办公生活区域可设置供休憩的绿化景观，可种植冠幅较大的乔木。

9）为适应新能源技术发展的需要，应为汽车充电、加气等服务项目预留用地。

2. 竖向设计

1）合理设置场区各处的标高，保证场区雨水合理组织、合理排出并不受洪水影响。

2）合理设置场区各建（构）筑物的标高及场区各点的室内外高差，避免雨水倒灌入建筑物。

　　3）合理确定道路停车场标高、坡度，并与主体工程统筹考虑，尽量减少土石方工程量。对高差较大的地形，可合理利用天然地形，人行道可设置台阶，绿地尽量利用原有地形。

　　4）停车场适用坡度为 0.25% ～ 0.5%，小型车停车场坡度可为 1.0% ～ 2.0%。

2.4　荒漠区高速公路服务区服务设施的功能配置和建筑设计

2.4.1　服务设施的功能配置

　　高速公路服务区既是高速公路运营和信息传递的硬件环境，又是使封闭的高速公路使用者回到社会环境的开放空间，优秀的服务区设计不仅能保证高速公路的正常运营，还能使高速公路的作用得到充分的发挥。高速公路服务区功能复杂，服务设施很多，主要包括停车场、休息厅、餐厅、超市、客房、公共厕所、汽车维修站、加油加气站等服务设施，供工作人员使用的办公、住宿和水暖电等设备用房，以及绿地和休闲活动场地。停车场、绿地及休闲活动场地的设计属于环境景观设计，其他服务设施则要通过各种建筑形式来实现服务功能。

　　服务功能不同，荒漠区服务区所需的配套设施也有所不同。《公路工程技术标准》JTG B01—2014 规定，高速公路服务区应设置停车场、加油站、车辆维修站、公共厕所、室内外休息区、餐饮、商品零售点等设施。《高速公路交通工程及沿线设施设计通用规范》JTG D80—2006 规定，服务区内各类设施应按为人服务的设施、为车服务的设施和附属设施进行功能分区布置。根据驾乘人员的功能需求，将荒漠区高速公路服务区的功能分为基本功能和拓展功能，并分别进行分析（表 2.4）。

表 2.4　荒漠区高速公路服务设施配置

区域	功能设施配置	拓展服务区	普通服务区	停车区	备注
广场与停车场区域	休闲广场	★	★	○	休闲放松、停车、检查、整理货物，电动汽车充电等；应根据不同车型设置停车车位
	场区照明	★	★	★	
	场区安防	★	★	★	
	停车区	★	★	★	
	交通标志标线	★	★	★	

续表

区域	功能设施配置	拓展服务区	普通服务区	停车区	备注
综合楼区域	服务台	★	★	—	信息问询、如厕、餐饮、购物等，其中厕所包括男厕、女厕、盥洗室、无障碍卫生间和第三卫生间等
	室内公共休息区	★	★	—	
	室内导向系统	★	★	★	
	休闲餐厅	★	★	—	
	公共厕所	★	★	★	
	第三卫生间	★	★	—	
	母婴室	★	★	—	
综合楼区域	司机之家	★	★	—	信息问询、如厕、餐饮、购物等，其中厕所包括男厕、女厕、盥洗室、无障碍卫生间和第三卫生间等
	综合超市	★	★	—	
	便利店	★	★	○	
	医疗救护站	★	○	—	
	酒店	★	○	—	
	员工宿舍	★	★	—	
	办公室	★	★	—	
	会议室	★	★	—	
附属设施区域	加油站	★	★	○	加油、加气、货车加水、修理、保养、加注机油；一般情况下加油站与加气站合建，有的分开建设
	加气站	★	★	○	
	加水站	★	★	○	
	汽车维修站	★	★	—	
	变配电室	★	★	—	
	锅炉房	★	★	—	
	水泵房	★	★	—	
	污水处理设施	★	★	★	
	垃圾处理设施	★	★	★	

注：★表示应设置的设施；○表示宜设置的设施；—表示不作要求。

为人服务的设施（综合楼）主要包括休息厅、餐厅、超市、客房、公共厕所、工作人员宿舍；为车服务的设施包括汽车维修站、加油加气站、充电桩；附属设施主要包括锅炉房、水泵房、变配电室、污水处理设施。

2.4.2 服务区广场及停车场设计

1. 服务区交通组织流线

1) 高速公路服务区交通组织设计应人车分流，避免交叉，形成人和车各自独立的交通系统，处理好为车服务的设施（如停车场、加油站、加气站、修理站等）与为人服务的设施（如餐厅、厕所等）之间的关系（图 2.11）。

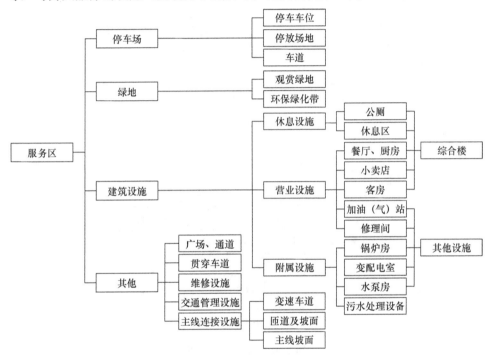

图 2.11　服务区功能分类

2) 合理规划停车场大型车辆、小型车辆停车区域及客车与货车停车场，整个交通流线清晰，为司乘人员提供安全、轻松的休息环境（图 2.12、图 2.13）。

3) 合理组织各种车行流线，避免不同车型行车路线的相互干扰与冲突，避免停车车流、加油加气车流及维修车流之间的交叉。

4) 各种车型停放区域划分合理，有专人引导停车，便于车辆进出和管理，提高停车场的使用效率和管理效率。

5) 加油、加气站流线。当加油、加气站设置在服务区出入口时，站内的交通流线应考虑车辆休息前加油、休息后加油、直接加油三种情况的行驶路线，避免不同车辆流线的相互干扰。

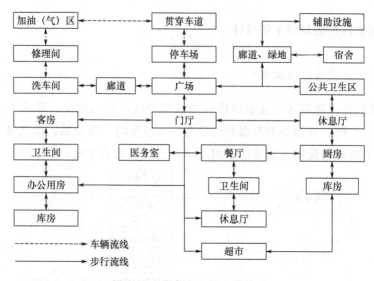

图 2.12　服务区空间流线关系

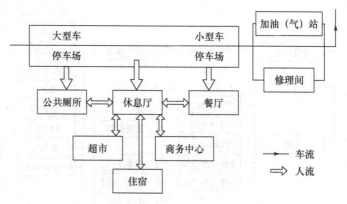

图 2.13　人流车流分析

6）后勤服务交通流线（图 2.14）。避免后勤服务性交通对于主要功能区的干扰，安排从驶入服务区到驶出服务区的一系列车辆流线，估算各个时段的车流情况，设置配套设施，以方便、快捷地把货物运送至各处。

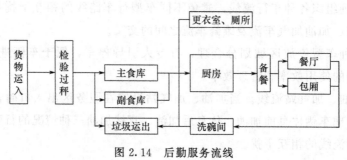

图 2.14　后勤服务流线

7) 无障碍流线。无障碍设计是人性化设计最基本的方面。服务区无障碍设计部位见表 2.5。

表 2.5 服务区无障碍设计部位

设计部位	设计要点
建筑前广场、人行通道、庭院、停车车位	建筑入口、停车车位
建筑入口、入口平台	坡道、扶手
水平与垂直交通	通道、走道和地面
公共卫生间	无障碍卫生间
餐厅、休息厅	轮椅席位
医务室	标志

2. 停车场及行车道设计

停车场是服务区基本的服务设施,是车辆进出服务区最重要的场所,旅客和司乘人员也是从停车场进入服务区各功能场所的。服务区停车场、行车道的利用率如图 2.15 所示。停车场的设计应减少车流和人流的交叉,避免场区混乱。如服务区的停车场面积偏小,绿化带过多,既造成资源的浪费,又不利于对车辆的统一调配。出入口坡度陡、面积窄小,会存在安全隐患。服务区、停车区的建设规模是按照工程可行性研究报告的结论确定的,应根据公路设计交通量、交通组成、自然环境、地域特点、发展前景等因素,适当调整定量,有效预测。此外,还要为将来交通量的变化预留适当的发展空间,对一个地区全局的发展有所预估和预留,使得服务区未来的扩建有合理的空间。

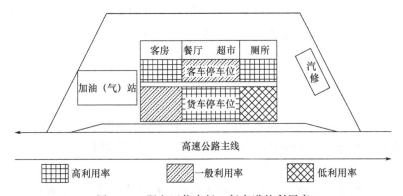

图 2.15 服务区停车场、行车道的利用率

停车场也是服务区最重要的服务设施之一,承载了服务区的核心功能,同时其规模又是其他功能设施设计的基础。停车场作为车辆停放、检修的场所,其设

计需要符合一些基本原则：

1）应根据车辆的种类和车型的大小进行明确分区，分区之间以绿化、建筑、标线等区隔。

2）设计合理的车辆行驶轨迹，尽量减少转弯和倒车，停车位尽量采用前进停车、前进出车的方式。

3）在竖向上尽量将停车位设置在同一标高。

4）停车场占地形状与建筑物的布局相配合，尽量合理有效地利用建设用地。

5）流线设计尽量避免人行道与车行道的交叉。

6）运输危险化学品等的车辆应单独划分停车区并配备独立的消防设施。

在以上原则的指导下，停车位的布局可大致分为引道单侧集中停放型、引道单侧分区停放型、引道双侧停放型和多方式组合型。引道单侧集中停放型采用单块板的形式，以栏杆、标线等划分不同的区域，对场地标线的规范性和合理性要求较高。引道单侧分区停放型以绿化带或建筑分隔多个停车区，形式相对灵活。引道双侧停放型在引道两侧布置单排停车区，为增加停车位数量，一般会增设引道数量或迂回设置引道。

3. 停车场的面积

停车场的面积对于服务区的规模有重要影响。根据调查研究，停车场的面积一般占服务区面积的 50%～70%，因此根据高速公路路段的交通量和驶入率可以计算出服务区停车场的面积，相应地也就得出了服务区的面积。停车场面积不合适会影响服务区的服务水平。如果停车场面积过小，无法提供足够的停车位，会使车辆无法进入服务区，从而影响其他附属设施的正常使用，导致服务区内部混乱无序，降低服务区的服务水平；如果停车场面积过大，则会造成服务区内部过度空旷，不仅影响服务区整体的美观，而且造成土地的浪费。

4. 停车场的布局

停车场的布局直接影响其使用效率，也影响停车场的规模，因此必须合理地对停车场进行规划。影响服务区停车场布局的主要因素如下。

（1）停放形式

停车场一般采用斜放式、平行式和垂直式三种停放形式。这三种停放形式各有利弊。斜放式方便行驶车辆的出入，但占用的面积较大，而平行式和垂直式停放方式会对车辆的出入造成不便。根据调查和计算可知，不同车型适合不同的停放形式，一般情况下，超长车适合平行式停放，小型车适合垂直式停放。这是由于超长车车身长，应采用前进停车、前进出车的停车方式（图 2.16）；小型车由于车身小，行驶灵活，宜采用一定角度的前进停车、后退出车或后退停车、前进出车的停车方式（图 2.17）。

图 2.16　超长车停车位布局（单位：m）

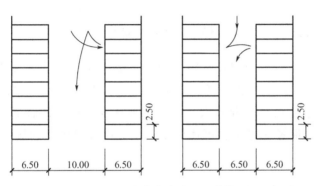

图 2.17　小型车停车位布局（单位：m）

而对于大、中型车，根据调研资料，多数车辆宜采用前进停车、前进出车的斜放式停车方式，一般情况下采用 60°、45°停车方式（图 2.18、图 2.19）。

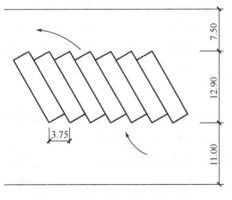

图 2.18　大、中型车 60°停车位
布局（单位：m）

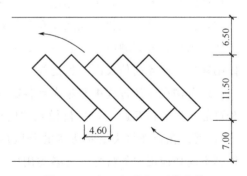

图 2.19　大、中型车 45°停车位
布局（单位：m）

（2）客货车分开停放

由于不同车型适合不同的停放方式，如果把各种车型混合停放，势必造成停车场资源利用的不合理和停车场的混乱。笔者在实地调研的过程中发现存在服务区客货车停车场混合设置的情况，使得在车流、客流高峰，服务区内不同车流交织，甚至产生拥堵，影响后来的车辆进入服务区。因此，国内很多服务区已经开始注意采用客货分离的停放方式。

（3）其他因素

在停车场的规划中，其他因素如停车场的路面材料、道路标志标线、照明系统、反光镜的设置等都是影响停车场适用性的因素，因此在进行停车场设计时应该充分考虑。

5．荒漠区高速公路服务区停车场布局和规模

在具体的停车位布局中，需结合服务区驶入车辆的主要车型结构进行布局。新疆高速公路服务区停车场多采用斜放式布置。调研发现新疆荒漠区高速公路服务区停车场规模差异较大，有的服务区停车区占地面积只有几百平方米。规模较大的服务区停车位可达到 100 个，而规模较小的服务区仅有 10 个左右的停车位。

2.4.3　服务区综合服务楼设计

1．综合服务楼的主要功能和功能用房的设计

综合服务楼（以下简称综合楼）是高速公路服务区最重要的建筑，在为驾乘人员提供服务方面起着主导作用（图 2.20）。综合服务楼主要的功能都是直接对外的，各功能分区既相对独立又互有联系。综合楼的主要功能分区包括餐厅、休息厅、超市、公共厕所、办公室、员工宿舍等。另外，它还有一些其他功能，如休闲娱乐、商务通信及医疗保健等。

综合楼在设计过程中要考虑到各部分的功能要求、不同功能用房之间的联系和可能产生的相互影响，尽量做到"内外有别"和"动静分区"。所谓"动静分区"，就是在合理解决主要功能的分区后还要解决好旅客内部活动的隔绝问题。根据不同功能用房的特性，将各类用房分为"闹""静""动"三种，并相对集中布置（图 2.21）。

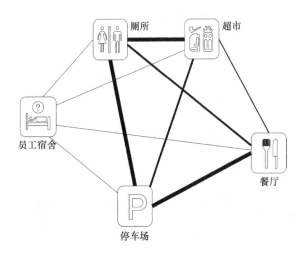

图 2.20　服务区建筑功能旅客期望使用关系

注：图中粗线表示有直接联系，可直接到达；细线表示相对独立，有间接联系。由粗线
　　到细线，期望功能优先级逐渐降低。

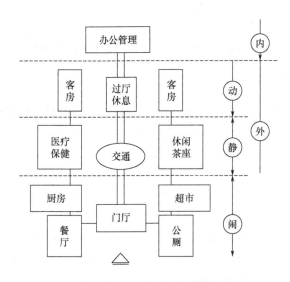

图 2.21　综合楼动静关系

（1）公共厕所设计

公共厕所是服务区使用最频繁的场所，宜设在综合楼内，且靠近超市和停车场，能满足 70 人左右同时如厕，男、女厕位比例为 1：1.5～1：2，内部通风要好。服务区公共厕所应设置一间第三卫生间，第三卫生间应独立于男、女卫生间（图 2.22）。残疾人卫生间、母婴室可与第三卫生间合建。未设置第三卫生间时，

残疾人卫生间宜独立于男、女卫生间设置。洗手盆数量按以下方法确定：每 5 个男小便器配备 1 个洗手盆，每个男大便器配备 1 个洗手盆，每 5 个女厕位配备 1 个洗手盆。洗手盆可采用感应出水方式。宜设置供儿童使用的洗手盆。服务区公共厕所尚应符合现行《城市公共厕所设计标准》CJJ 14—2016 中独立式一类公共厕所或附属式一类公共厕所的相关规定。

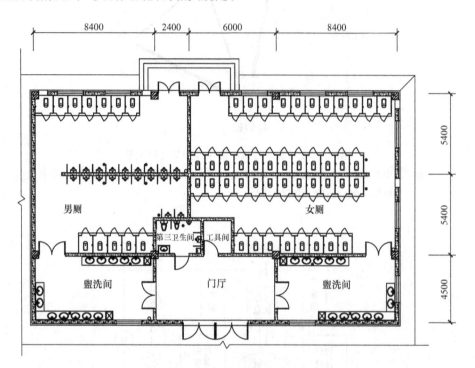

图 2.22　公共厕所常用布局

（2）餐厅设计

对于司乘人员来说，服务区餐厅服务应该是一种基本服务。餐厅规模一般包括餐厅的建筑规模和人员规模。一方面，餐厅的建筑规模及内部布局、座椅和餐桌的数量、装修风格对餐厅的服务水平产生重要的影响；另一方面，餐厅内部员工数量的多少会影响上菜的速度，进而影响餐厅整体服务水平。

与其他省份相比，新疆荒漠区服务区餐厅占地面积偏小。此外，由于阿热勒服务区、红白山服务区和塔瓦库服务区处于沙漠公路沿线，环境恶劣，配备的工作人员严重不足，餐厅服务设施很不完善。

为提升服务区的品质，满足不同层次消费者的需求，服务区餐厅建筑面积不宜小于表 2.6 中的数值。

表 2.6　服务区餐厅建筑面积　　　　　　　　单位：m²

服务区类型	高速公路			一级公路作为干线公路	
	四车道	六车道	八车道	四车道	六车道
Ⅰ类服务区	1000	1250	1630	750	1000
Ⅱ类服务区	800	1000	1300	600	800

注：1. 表中餐厅面积为双向服务区餐厅面积之和。

　　2. 餐厅面积不包含厨房面积。

（3）超市设计

传统的服务区超市布局较为凌乱，一个超市售卖成百上千个品类的商品，且售卖的产品质量参差不齐，纪念品类的商品大同小异，地方特色不明显。以日本上乡服务区为例，其将售卖的产品进行分类，以单独门店的形式进行各个类别产品的售卖；产品具有品牌性，质量有保证，且很多为土特产，具有地域特色；纪念品类的商品具有本地特色，可识别性强。

建议在服务区超市的设计中遵循以下原则：

1）超市的设计应结合地域特色，分区域设置，考虑地方土特产和扶贫农副产品，打造地方品牌，带动地方特色产业发展。

2）综合性超市及土特产超市宜靠近综合楼主入口，与室内休息区紧密结合，以引导消费。24 小时便利店宜靠近公共厕所，方便夜间为旅客服务。

3）根据经营模式设置独立的购物流线。

4）超市除售卖区外，在设计中应考虑一定的仓储功能（图 2.23）。

2. 服务区综合楼的流线和组织关系

服务区综合楼服务的对象不同于其他类型的建筑，多是经过长时间旅途跋涉的人群，其流动呈现出集中与分散、有序与无序及交叉进行的特点。进入服务区公厕的人流量大集中，而一般餐厅的人流既大量集中也定时有序，超市、小卖部及医疗保健站等处的人流则是分散无序的。

3. 服务区综合楼的平面组合形式

综合楼的平面布局即把各种功能用房合理组织在一起，考虑与周边环境的协调问题，占据好的朝向和景观，明确动静和内外分区，并兼顾到某些用房的特殊性。常见的基本平面布局形式有 L 形、"一"字形、U 形、围合（庭院）形（图 2.24）、组合几何形等，还有一些在此基础上演变的自由布局形式。

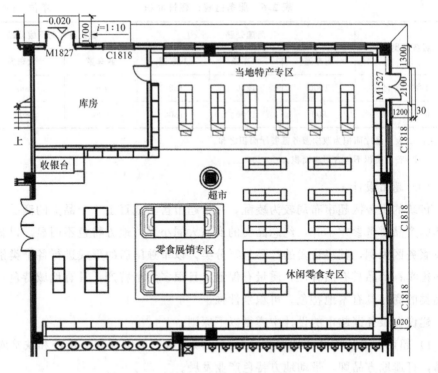

图 2.23　超市平面布置图示例

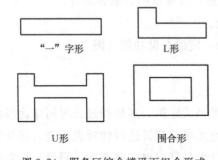

"一"字形　　　　L形

U形　　　　围合形

图 2.24　服务区综合楼平面组合形式

（图 2.25）。

（2）线性式布局

4. 综合楼平面布局

综合楼的布局形式分为聚合式、线性式、辐射式等。

（1）聚合式布局

以中庭共享空间为主导，各功能空间在其周围聚集、围拢。围绕中庭设置餐厅、公厕、商铺、超市等业态空间，使使用者在视觉上和行为上有连续感

线性式平面布局沿某路径将各类子空间组合，利用商业内街连接各个业态空间，将公共厕所、餐厅等常规业态置于综合楼两端，小吃、超市、美食林及拓展业态置于中部，通过延长定向业态的服务流线刺激沿途商业业态的随机性消费（图 2.26）。

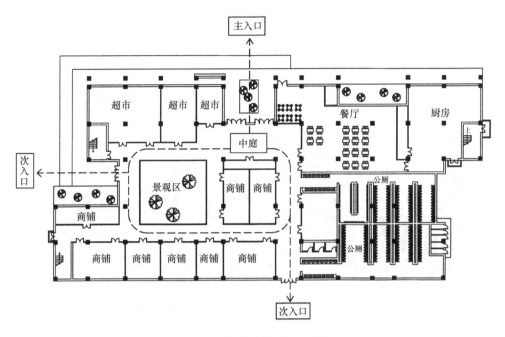

图 2.25　聚合式平面布局示例

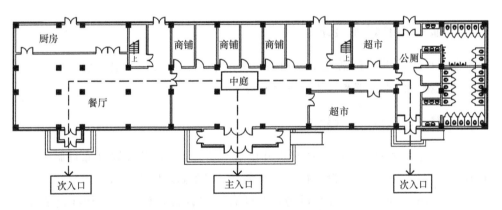

图 2.26　线性式平面布局示例

（3）辐射式布局

以中庭空间为中心，将商铺、超市、公厕、餐厅等空间沿辐射线路展开。当辐射线比较短时，形成聚合式分布；当辐射线比较长时，沿辐射路线形成线性组合。分支末端设置公厕、餐饮区等引导人流（图 2.27）。

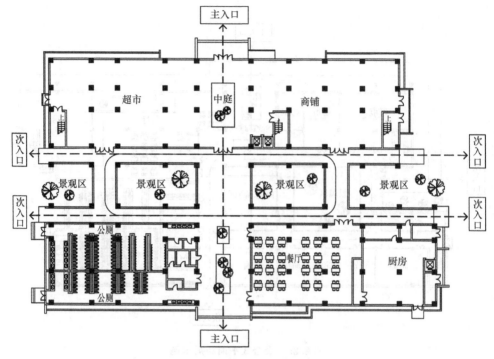

图 2.27　辐射式平面布局示例

2.4.4　服务区附属设施设计

服务区附属设施包括汽车修理间、变配电室、水泵房、锅炉房、加油加气站、充电桩、污水处理和垃圾处理设施等。

1. 修理间及配电室设计

1）汽车修理间和变配电室宜合并设置（图 2.28），其位置宜靠近服务区入口或位于出口一侧，单独设置行车迂回车道。汽车修理间不宜太小。

2）汽车修理间应有防撞设施，至少有一间设置检修坑，结构净高宜不超过 4.8m。

3）变、配电室平面布置应根据供配电系统要求设计，其室外地坪标高应高于周边场地，结构净高宜不超过 3.6m。

4）配电室地面宜采用水泥基自流平地面，在正常做法基础上顶面增加 0.2mm 厚塑料薄膜。

5）储油间地面应为防渗油的地面，且应设置高 150～200mm 的细石混凝土门槛。

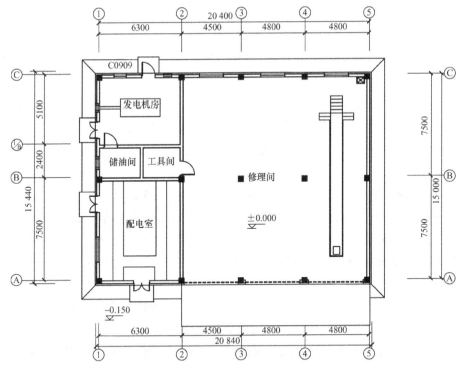

图 2.28 修理间及配电室平面常用布局

2. 锅炉房及水泵房设计

1）锅炉房、水泵房的布置应确保设备安装、操作运行、维护检修安全和方便，并应使各种管线流程短、结构简单，使面积和空间使用合理、紧凑（图 2.29）。

2）水泵房应根据给排水工艺和设备要求设计。

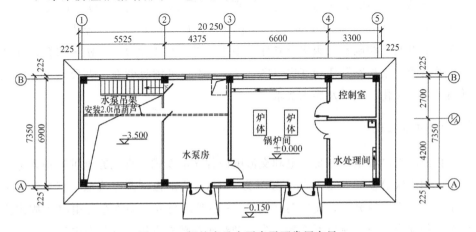

图 2.29 锅炉房及水泵房平面常用布局

3. 加油站设计

1) 加油站站房内应设置值班室（开票间）、办公室（休息室）、业务室、独立卫生间等。

2) 加油区应设置卸油位，加油区距人员通行区域的距离应不小于 7m。加油区应设置围墙，对外分隔，并增设指示牌，禁止无关人员到此。

3) 大型车（柴油）加油机设置在加油区外侧，小型车加油机设置在加油区内侧。

4) 加油机的数量和种类应由加油工艺专业提出方案。

5) 站棚的立柱沿行车方向的间距宜为 10～12m；如果间距不超过 8m，则沿行车方向站棚外沿距立柱中心宜不少于 4m。站棚的立柱下沿行车方向如果设有结构基础，基础顶面距加油区地平面不宜小于 0.6m，以满足加油机配管安装要求。

6) 站棚的立柱应设在加油岛上，加油岛之间的距离应满足两辆大型货车同时加油的距离（净距不低于 8m），加油岛的宽度宜不低于 1.6m，加油岛应设置防撞设施。站棚的外沿距加油岛外缘的水平距离宜不低于 4m；内侧加油岛到站房外墙的距离宜不少于 6m，以满足防爆要求。

7) 站棚下的净空高度应不小于 5.5m。

8) 加油站应按现行《汽车加油加气加氢站技术标准》GB 50156—2021 的要求，与周围建（构）筑物保持足够的安全距离。通常站内油罐（壁）及加油机与站外可能散发明火地点的直线距离应不小于 35m，油罐（壁）距站房宜按 5～7m 净距考虑。

加油站宜设在服务区出口一侧。一般设 6 个加油车道、6 台加油机、5 个油罐（其中 3 个 30m³、2 个 50m³），罩棚面积为 1000m² 左右。一楼为营业厅、办公室、配电室、控制室、厨房及餐厅、卫生间等（图 2.30），二楼为宿舍、办公室、淋浴间、站长室及活动室等（图 2.31），不仅可满足营业、办公要求，而且可满足职工文化、生活及娱乐要求。

4. 充电桩设计

目前的充电桩主要有直流电和交流电两种充电模式。直流充电桩的输入电压采用三相四线 AC 380V±15%，频率为 50Hz，输出为可调直流电，直接为电动汽车的动力蓄电池充电，充电时间为 2～3 小时。交流电动汽车充电桩是固定安装在某些地点，与交流电网连接，为电动汽车车载充电机（安装在电动汽车上的

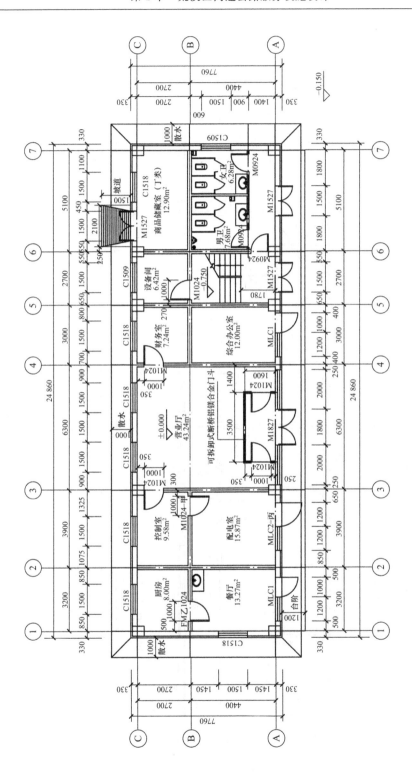

图 2.30　加油站站房一层平面常用布局

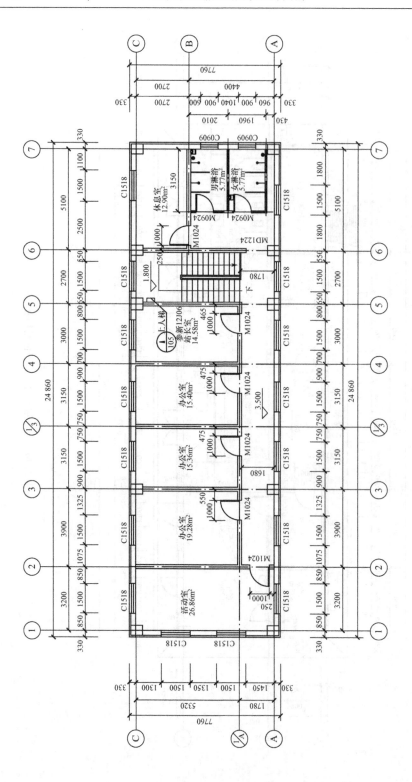

图 2.31　加油站站房二层平面常用布局

充电机）提供交流电源的供电装置。其充电时间约为 8 小时。服务区充电桩宜采用直流快充形式。

1) 充电桩应设置电动汽车专用停车位，电动汽车专用停车位的环境温度应满足为电动汽车动力蓄电池正常充电的要求。

2) 荒漠地区电动汽车专用停车位应采取相应的防风沙措施。

3) 充电设备应靠近上级供配电设备。

4) 充电桩专用供配电设备应设置充电计量装置、充电监控系统、供电监控系统。

5) 充电桩专用设备宜优先选用低噪声设备。

5. 污水处理设施设计

1) 污水处理设施的设计应考虑不同地区服务区的污水处理要求和回用途径，污水处理目标和回用途径不同，则污水处理设施的设计不同。

2) 根据服务区所处的自然环境、污水排放和污水回用等方面的要求，服务区的污水处理宜采用生物技术和物化技术相结合的模块化污水处理设施，模块相互独立，减少后期维护。

3) 污水处理工艺流程应易于维护（图 2.32），并且适应当地的自然条件。

2.4.5　服务区环境保护和景观绿化设计

高速公路服务区的修建在一定程度上打破了原先的生态平衡，对生态环境造成了一定影响。在设计过程中应引入保护生态环境的理念，选址时尽量选择劣地、荒地、不适宜种植的土地，减少居民住宅、林地、耕地、水域的征用。应尽量利用原有的景观，减少人工造景。在施工中尽量少修施工便道，保护原有的地表植被，施工完成后进行生态恢复。场区生活污水经中水处理装置处理后用于冲厕、洗车、浇灌树木，以节约用水、保护环境、节约造价，实现公路建设的可持续发展。根据人文历史、气候环境选择适合在当地生长的植物，与本地环境相融合，也便于绿化植物的生长与养护。高速公路主线与服务区之间设置绿化带分隔，且在驶入和驶出服务区地段应满足行车视距要求，其余区段可采取高大乔木和灌木结合设置的分隔措施。在服务区周围设置带状绿化，种植草皮和高大乔木，将服务区与外部环境有效分隔。

高速公路服务区景观是由地貌和各种人为因素形成的，如地势分布、绿化景观、人文景观及周边环境。景观各种元素包含其中（图 2.33），这些元素共同构成了服务区优美的景观，成为乘客休憩、观光的好去处。在环境优美地带建设的服务区更能吸引驾乘人员停留。

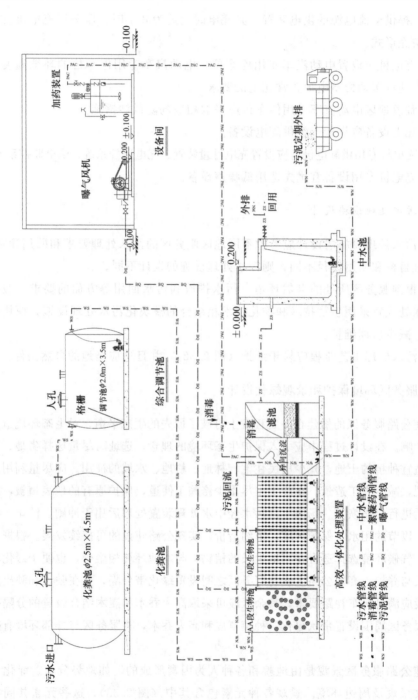

图2.32 污水处理工艺流程

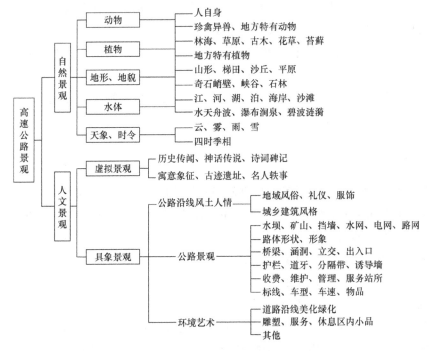

图 2.33　高速公路景观分类

2.4.6　服务设施标识系统

高速公路服务区是高速公路重要的组成部分，是保证高速公路安全畅通、方便快捷的重要配套设施，是塑造高速公路形象的重要窗口。高速公路服务区标识系统是指专门为高速公路服务区而设置的具有统一形象的系列化标志，其作为高速公路服务区各项功能的体现和指引，直接服务于每位驾乘人员，具有十分重要的作用。其作用主要体现在：是高速公路服务区不可缺少的基本设施；是服务区功能得以充分发挥的基本保证；是提高服务区整体服务质量的必要条件；是驾乘人员识别服务区功能的必备条件。

1．国内外高速公路服务区标识系统的特点

通过分析归纳，可得出国内外高速公路服务区标识系统的特点如下：

1）从规划来看，国外高速公路服务区标识系统与服务区的功能设施布局紧密相关，标识能够反映服务区所具有的各项功能，形成了规范统一的标识系统。国内高速公路除了高速上的服务区和停车区出入口预告标识外，服务区的内部标识系统尚未建立。

2）从设计上看，世界各国的服务区标识系统一般都会标注服务区名称、功能设施名称、功能符号、方向箭头等基本元素。

3）从色彩上看，世界各国的服务区标识系统大多和本国的高速公路标识系统色调保持一致，显得整齐划一，形成统一的视觉形象。

4）从字体上看，服务区标识系统一般都会沿用本国高速公路专用字体，且多为本国文字和英文的组合，突出国际化特色。

2. 标识系统设计思路

在标识系统设计中，除了考虑高速公路品牌的核心元素，还要考虑如何将高速公路的 VI 视觉识别系统导入服务区的标识系统设计中。因此，需要对项目做全新的、全方位的设计和规划，从导向信息的重新整理、标识定位的科学性和标识的造型等方面进行全新的改造和创新，从色彩、字体、形式、材质、功能和用途上反复推敲，运用各种创作手法，力求带给人新的视觉感受。高速公路服务区标识系统的颜色主要基调既要符合国家关于高速公路服务设施标识的规范标准，又要表现大气稳重的企业形象，还要能够缓解驾驶员和乘客因长途行驶而产生的视觉上的疲劳。字体的选用上，笔画应粗细一致，字形端正，笔画均匀，易于识别。布局上，以服务区的各个功能分区为依据，处理好为车服务的设施与为人服务的设施之间的关系，尽可能地避免相互干扰，让使用者能够清楚地辨识服务设施的各功能要素，并指明便捷清晰的活动路线，避免人流与车流的交叉，以求达到最佳的效果。

以五工台服务区为例，将高速公路服务区标识系统划分为"1＋3"系统，具体如下（图 2.34）。

"1"是指服务区主标识，是整个标识系统的核心。对于高速公路服务区而言，指的是服务区主体建筑的楼顶标识。

图 2.34　服务区标识系统架构

"3"是指 3 个标识子系统，分为方向指示系统、区域标识系统和信息提示系统，其定义、作用和具体内容如下。

（1）方向指示系统

所谓方向指示系统，是指用于指示方向和行进路线的一系列标识所构成的标识系统。方向指示系统的作用主要是为到访服务区的人们指明各个功能区域的具体方向（图 2.35）。

图 2.35　方向指示标识

对于高速公路服务区而言，方向指示系统包括服务区出口指示牌、服务区入口指示牌、总区域平面指示牌、各功能区域指示牌等（图 2.36）。

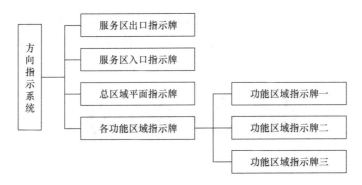

图 2.36　服务区方向指示系统的构成

（2）区域标识系统

所谓区域标识系统，是指用于指示功能区域的一系列标识所构成的标识系统。区域标识系统的作用主要是标明不同区域的功能，便于人们识别和理解（图 2.37）。

图 2.37　区域标识

对于高速公路服务区，区域标识系统主要指功能区域标识牌，主要包括加油加气站、维修点、卫生间、客房、超市、餐厅、公共服务和免费服务标识牌等（图 2.38）。

（3）信息提示系统

所谓信息提示系统，是指用于提示某种特定信息的一系列标识所构成的标识系统。信息提示系统的作用主要是传达某种信息，引起人们注意（图 2.39）。

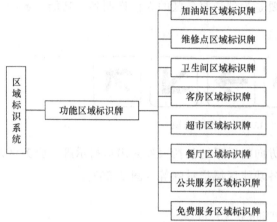

图 2.38　服务区区域标识系统的构成

高速公路服务区的信息提示系统包括温馨提示牌（如看好随身物品、爱护花草树木的提示）、公共提示牌（如公众信息提示、无障碍信息提示）、警告警示牌（如限高和限速提示、禁止通行警示）等（图 2.40）。

3. 标识系统分析总结

高速公路通过建立规范统一的服务区标识系统可以达到以下效果。

图 2.39　信息提示标识

（1）规范化

人们到达服务区，首先会寻找服务区的标识，如果没有统一规范的标识系统，将会给服务区的使用者带来极大的困扰。通过建立高速公路服务区标识系统，各个服务区形象统一化，在视觉上形成一致，人们一眼就能识别出来，既节省了司乘人员的时间，提高了司乘人员的满意度，也规范和提升了服务区的整体形象。

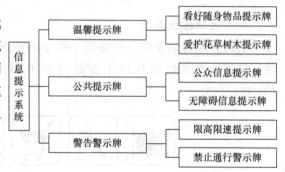

图 2.40　服务区信息提示系统的构成

（2）人性化

高速公路服务区标识系统的建立必须通过现场实地考察，从人性化角度规划和设计。在色彩上，建议多运用对比色，有效缓解人们的视觉疲劳；在字体上，建议采用醒目的字体，一目了然，易于识别；在大小上，遵循由远及近、由大到小、由高低的原则；在使用的语言上，建议采用中英文双语标识，体现人文关怀；从符号来看，采用国际通用的标识符号，更易于识别。

（3）国际化

为了实现与国际接轨，满足多元文化交流的需要，打造高速公路的国际化形象，一方面采用中英文两种语言标识，另一方面采用国际通用的高速公路服务设施标识符号，充分体现国际化的设计理念，更加有利于展现高速公路服务区的国际水准。

（4）节约化

在设计高速公路服务区标识系统时，遵循"量体裁衣，量身打造"的设计原则，通过合理规划和布局，尽可能地选择性价比高且美观耐用的材料；从长期使用的角度出发，避免高能耗工艺，使标识系统与服务区的整体环境和景观融为一体，达到既节约又环保的目的，使得每一块标识牌都充分地发挥作用。

2.5　荒漠区高速公路停车区

2.5.1　高速公路停车区简述

高速公路停车区有别于服务区的车辆停靠点，场地较小，仅供车辆临时或紧急停靠，通常情况下没有服务设施和服务人员或服务设施简陋、功能单一。其基本功能配置包括车辆服务功能设施、人员服务功能设施及为保障车辆和人员服务功能正常发挥所必需的附属服务功能设施。车辆服务功能设施包括停车场和加油站（加气站或充电站）；人员服务功能设施包括如厕和休息设施；附属服务功能设施包括服务设备及用房、污水处理设施、垃圾处理设施、标识系统等。

停车区应设置停车场和公共厕所，条件许可时可设置室外休息区。荒漠地区停车区一般不设置加油、加气和充电设施，但在服务区间隔较大且加油（加气或充电）需求较多的路段，可以在服务区间隔内的停车区设置加油（加气或充电）设施。高速公路和一级公路作为干线公路时，因其封闭性和较好的行车条件，极易导致疲劳驾驶，设置停车区可有效解决疲劳驾驶问题，保证行车安全。调研发现，部分荒漠地区公路已经在沿线设置了停车区（部分地区称为休息区或观景台），在缓解驾驶疲劳、提升公路服务水平等方面发挥了较好的作用（图 2.41）。各停车区的服务功能设施不尽相同，部分停车区仅设置有停车场，未设置公共厕所，不能满足司乘人员的如厕需求（图 2.42）。

观景停车区主要设置在高速公路路侧或引出的复线中，用于引导游客在高速公路周边赏景、游憩、休闲、体验等。观景停车区的设计主要有以下四种思

图 2.41　独库公路停车区环保公厕

图 2.42　独库公路停车区

路：一是观景停车区与当地特色旅游资源相结合，展示地域风情与特色，即通过在特色旅游资源处设置观景停车区，将游客吸引至此，将美丽的风景展示给游客。二是观景停车区与景区大门相连，实现高速公路"送客上门"。可在高速公路沿线的观景停车区附近设置通向景区的大门，通过高速公路实现"送客上门"，并在观景停车区内布设公路与景区共用的停车场。通过高速公路进入景区的游客可享受门票折扣，景区由此得到的收益与交通部门共享。三是观景停车区与当地特色小镇相连。高速公路沿线设置观景停车区，游客到达之后能够换乘其他交通方式（如电瓶车、自行车等）前往周边的景区、景点，包括周边打造的特色小镇等，从而实现高速公路对周边资源的辐射与带动。四是观景停车区与当地特色产业相连。高速公路沿线设置观景停车区，游客到达之后能够换乘其他交通方式（如电瓶车、自行车等）前往周边的特色产业园区，参与各类手工制作等体验活动，带动当地的特色产业发展，并以此延伸产业链条。

2.5.2　荒漠区高速公路停车区设计要求

荒漠区可在服务区之间布设一处或多处停车区，停车区与服务区或停车区之间的间距宜为 25~40km。

荒漠区停车区设施种类较少，布置比较简单，设计原则与服务区基本相同。

其总平面布局形式一般推荐采用外向型，当周围为深挖方或景色不佳时最好采用内向型。

2.6　高速公路服务区改扩建

在建筑物的全生命周期内，人们的观念和生活方式会随着社会的发展而改变，建筑物需要适应不同时期使用者的需要，不断更新空间环境，并在此基础上有机生长。新疆的服务区多建于 20 世纪 90 年代末期，建筑物远未达到设计使用年限，建议采用合适的改扩建策略，使服务区建筑的功能品质得到提升，满足人们的使用要求。新疆早期建设的服务区综合楼内部功能仅为单一的如厕、就餐、小型超市（商店），缺乏商业氛围的营造和人性化设计的考虑，缺乏按照经营倾向和设计特色而设置的扩展功能，如旅游、物流、文化展示等，与所在区域文化、资源和产业结合不够紧密，不利于服务区的长远发展。

2.6.1　服务区改扩建设计总体原则

1. 资源整合，选址合理

在服务区改扩建规划阶段，应考虑与项目所在地地域文化、自然资源、城镇建设相融合，通过与服务区管理者及政府、文化和旅游部门等进行沟通，对全线服务区布点规划进行重新分析和梳理，实现服务区和当地经济、文化旅游产业的双赢。

2. 科学利用原有设施

服务区改扩建应在进行充分现场调研的基础上，遵循利用与改造相结合的原则，合理利用原有设施。应结合原有服务区的使用情况，根据点位规划的控制要素，科学评判沿线服务区是原址改扩建、原址新建还是移址新建。针对原址改扩建的服务区，应对原有设施进行大量调研和梳理，通过检测、鉴定、评估，科学确定服务区可利用的场地道路、建筑物、构筑物及设备，充分发挥原有设施的作用，合理利用原有设施。

3. 打造特色主题服务区

在服务区改扩建设计中，注重挖掘服务区的特色化、地域化潜能，并结合低碳节能的设计理念，达到提升服务区综合服务品质的目的。推动高速公路服务区向交通、生态、旅游、消费等复合功能型服务区转型升级，打造特色主题服务区。例如，芳茂山服务区以恐龙为主题进行改造，通过全新创意，将恐龙文化、地域特色、环境艺术、光影科技、美食、购物、体验等融入服务区，打造"交通＋游憩体验"的新商业模式。

4. 打造品质工程

面对交通运输部明确提出打造"品质工程"的新形势、新理念，服务区改扩建设计应按照品质工程的要求，以系统化的设计为前提，以工程结构的耐久性为基础，注重方案创意的创新性，并与自然环境相结合，深化人本化、绿色化、标准化、智慧化，着力打造"优质耐久、安全舒适、经济环保、社会认可"的品质工程。

5. 推进"服务区＋"模式

当前，交通运输迎来了优化结构、转换动能、补齐短板、提质增效的转型发展关键期。服务区改扩建应从服务区建设条件出发，与项目所在地地域文化、自然资源、城镇建设相融合，通过与政府、文化和旅游部门、商业企业等主体进行战略合作，推进"服务区＋旅游""服务区＋地方特色""服务区＋扶贫"等模式建设，充分带动周边城镇的产业发展，为经济发展注入新的活力。

6. 统筹策划保通组织方案

遵循"减少干扰、保障通行、科学组织"的总体原则，结合改扩建期间施工路段的交通组织方案及全路段的服务保障要求，设计全线服务区改扩建的施工组织方案。针对在改扩建期间有运营要求的服务区，须保障其施工需要、消防安全、通行安全、原有设施保护和适当服务等要求，做出合理的组织规划。

2.6.2　服务区改扩建规划布局

服务区改扩建应以原有场地条件为基础，结合改扩建后用地红线条件、地形地貌、改扩建后的功能需求、周边资源条件等，合理优化场地布局。场地布局设计应以"以人为本、可持续发展、绿色智慧"为设计理念，做到布局合理、功能完善、服务优质、环境和谐。

对于需要新征用地的服务区，鉴于主线道路已确定，根据服务区现状，服务区用地的增加一般采取三种方式：①增大进深；②左/右增加用地；③四周同时增加用地。对于增大进深的服务区改扩建布局，在停车场设计上可采取大型车与小型车分流的办法：新扩建用地停靠大型车辆，综合楼设于服务区的中间，结合服务区商业规划，小型车停车区靠近商业区。大型车辆停放在综合楼之后，相应的车辆维修设施也随之推后，从高速公路上望去，服务区尺度感适宜，建筑形式也相对统一。例如，小草湖服务区改扩建工程（图 2.43）设计中将大型车停车位置于场区后侧，小型车停车位置于前侧，大、小车完全分流。

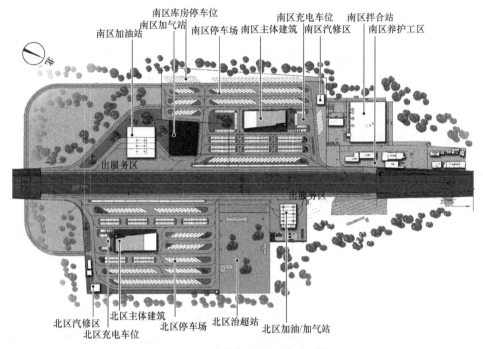

图 2.43　小草湖服务区总平面图

若在服务区出口侧增加用地，如石河子服务区北区，服务区原出口处的加油站扩建后严重影响了交通流线的顺畅，加油站须拆除后重新建造；停车区需要重新设计，合理配置车位数量，有效划分停车的功能分区，客货分离，以满足重建后的使用要求。若在服务区入口侧增加用地，如石河子服务区南区（图 2.44），服务区入口、匝道、引道须重新设计，入口应能使车辆顺畅地进入服务区，匝道和引道的设计要符合车辆运行轨迹和行驶动力学特征，尽量避免车辆在驶入服务区前的大幅制动。停车场需要重新设计并利用现有场地的，可在综合楼左侧用地及靠近综合楼前侧布置小型车停车位，与大车有效分离。

对于四周均增加用地的服务区，其改扩建策略参考以上两种扩建类型。

2.6.3　服务区综合楼平面空间设计

在服务区综合楼的改扩建设计过程中，应首先优化其基本功能，包括公共卫生间、餐饮、商品零售店、淋浴、信息服务和办公管理等；再根据不同服务区的

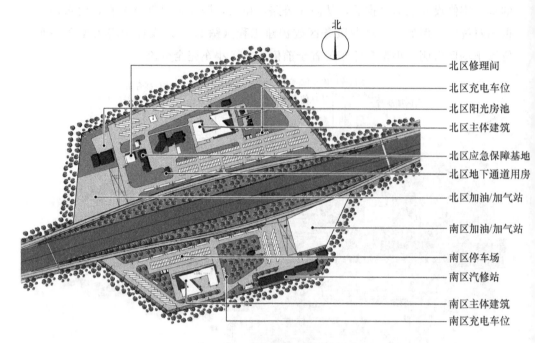

北

北区修理间
北区充电车位
北区阳光房池
北区主体建筑
北区应急保障基地
北区地下通道用房
北区加油/加气站

南区加油/加气站
南区停车场
南区汽修站
南区主体建筑
南区充电车位

图 2.44　石河子服务区总平面图

定位，增加拓展服务功能，包括住宿、医疗救护、旅游服务、特色及品牌商业
（餐饮）设施、其他人性化服务设施等。为应对服务区综合楼平面功能的变化和
发展，通过改造原功能和增加新功能赋予建筑更强的适用性；通过改变平面空间
尺度、形状、交通流线等，增强既有建筑的适应性，满足人们日益提高的使用
需求。

服务区综合楼平面拓展改造形式：

1）拆除原有结构中用来分隔的局部柱子、非承重墙体，扩大柱网单元范围
内的空间尺寸，将原先分隔形成的小空间连成一片，实现空间的扩大化。

2）采用其他结构体系，部分替换或扩大原有结构体系，以形成新的大空间。
例如，用框架结构部分替换原有砖混结构的墙体，使原有建筑上部荷载平顺地转
移到新的框架体系上。

3）对于原建筑平面不规整、进深不一或是含有内部庭院的建筑，可以通过
填补的方式化零为整，局部增大建筑的进深，从而扩大室内的功能空间。

4）当原有建筑周边有发展用地时，沿建筑某一方向，邻近或靠近原有
建筑扩建新的部分，并与原有建筑通过屋顶、连廊或中庭相连接，成为统一
的整体。

5）在保持开间不变的情况下，拆除或部分拆除横向构件，由小空间发展成高空间，或在楼板局部开洞，竖向形成扩大的连续空间。

在服务区综合楼的改扩建设计中，以上五种平面空间拓展改造的形式适用于商业餐饮区域、公共卫生间区域和大厅休闲区域。

2.6.4　服务区综合楼竖向空间设计

服务区综合楼的平面功能按动静分区，餐厅、超市、公厕、休息大厅等主要功能分区为对外开放的"动区"，通常设在一层，通过平面空间的拓展进行改扩建；办公管理、职工宿舍、职工食堂、司机休息室等功能区为相对的"静区"，因其空间利用率不如"动区"高，容易被忽视或和"动区"混合布局，需要通过增层将扩建和改造相结合，使新的"静区"功能分层设置。

1.　直接局部增层

直接在原有建筑的主体结构上加高，要求承重结构有一定的承载潜力，增层荷载全部或部分由原有建筑的基础、墙、柱来承担，建筑向上增加的部分与原有部分融为一体。应尽量使新建部分的构件截面小于底层截面，尽量使新建部分的分隔与原建筑的结构体系保持一致。

1）原砖混结构＋新增砖混结构。一般不需对既有建筑进行加固，可直接增层。如原有建筑为横墙承重，局部增层部分改为纵墙承重；如原有建筑为纵横墙承重，局部增层部分改为横墙承重或纵墙承重。

2）原混凝土框架结构＋混凝土框架结构。若原结构为混凝土柱，新建部分可采用钢筋混凝土柱，在提高强度的同时还可减小柱子截面，减轻上部结构的自重。新增部分柱网应尽量与原有结构柱网一致，以利于平稳传递下部的压力。

3）原砖混或混凝土框架结构＋新增钢结构。利用钢结构跨度大、自重轻、强度高、承载力强等特点，为服务区综合楼二层创造开敞的休息空间。

2.　套建结合扩建增层

当原有建筑地基基础和承重结构不满足直接增层的需要时，或对空间有更高的要求而无法与原有建筑直接相连时，可采用套建结合扩建增层的方式实现竖向空间的拓展。新增部分对原结构的依赖较小，新结构体系轻质高强，能最大限度地减轻扩建部分建筑物的自重，对原有建筑的影响较小，实现建中能用、用中能建、扩改方便的目标。

　　3. 地下增层

　　为充分利用服务区综合楼地下空间，较多已建成的服务区综合楼出现了向地下增层的情况，具体有以下两种形式：

　　1）新增局部地下室。一般在服务区综合楼单层体量或餐饮、商业区域的中部、与综合楼基础有一定距离的地方增加地下室。其施工相对简单，基本不影响原有基础。

　　2）将原基础回填土部分改造成地下室。当既有建筑基础埋深大时，可将室内的回填土挖出，在室内地坪处架空地板增层。尽管在既有建筑下方进行地下工程的改扩建施工难度较大，成本较高，但也不失为一种改扩建的思路。

　　4. 室内增层

　　室内增层适用于室内层高较高的建筑，通过局部夹层的形式，从原有结构的一侧或相邻两侧利用悬挑的方式将部分空间改造成小尺度空间，如休息平台。室内增层可以充分利用原建筑的室内空间，在将增层部分的荷载传递至整体结构的同时保持原建筑的立面。可在更有利于视野通透的位置增层，积极营造水平无阻、上下通透的开阔视野。

2.6.5　服务区综合楼造型设计

　　改扩建服务区综合楼的造型设计旨在在地域文化和商业吸引力中达到平衡，以简洁舒展的动感吸引旅客，缓解驾乘人员长途旅行的视觉、生理疲劳。其设计应力求与人文环境衔接，包括与本土文化结合、与城市或周边环境融合，创造出充满生机与活力、富有主题和文化内涵的特色服务区。

　　1. 继承优化原有形象

　　若原有服务区综合楼主体部分较为规整且结构尚好，扩建部分与原有建筑并置时，改扩建造型设计首先考虑原立面风格是否具有保留价值。优先从经济性原则出发，采用继承原有形象的方式改造原有立面，优化综合楼整体建筑风貌。整治原有建筑立面时，首先对原有建筑立面进行考察，考虑建筑整体的安全性，拆除违章搭建、结构存在安全隐患、美观度较差的建筑设施，检查招牌广告、空调机位、防盗门窗、遮阳棚、雨篷等建筑外立面附属设施的损坏及与主体结构连接的缺陷、变形、损伤情况。扩建部分或延续原有立面的饰面纹理，或局部采用现代建筑元素，以呈现丰富的建筑形体。可视不同情况选择统一或对比形成协调的关系，控制好扩建部分的体量和比例，强调建筑整体的和谐统一，实现室内外空间的融合、建筑与环境的共存。

2. 突破重塑建筑形象

若服务区综合楼改扩建体量发生较大变化，扩建部分将原有建筑内包，则其形象几乎等同于重新设计，与原有建筑造型关系不大；或者服务区经过重新开发定位，升级为具有特色的主题服务区，原有的外观造型不能适应新的定位，都需要借此机遇突破原有建筑形象，赋予建筑一个新的表皮以重塑外观。新的形象设计主要从展示地域性、主题性和标志性三个方面综合考虑。

（1）地域性

建筑是文化的载体，交通建筑同样需要表达地域文化内涵。远方的客人通过对停留和经过的高速公路服务区建筑的体验来领略各个地区的地域风采，归家的游子通过似曾相识的服务区建筑增添一份思乡之情。不同地区的服务区综合楼应具有不同的建筑风貌，体现当地自然环境和人文环境特色。因此，建筑的地域性是首要的、不可忽视的设计要素。

（2）主题性

随着文化旅游的发展，高速公路上巨大的车流量和过往服务区的密集客流使地方政府和服务区业主对服务区有了全新的定位。一些结合地方旅游资源的主题服务区应运而生，它们或结合主题游乐公园，或结合历史文化景观，或结合自驾旅游度假区，或结合大型商业综合体，其建筑造型具有鲜明的主题性，成为一道展现现代文明的靓丽风景线。在服务区发展较为先进的日本和我国台湾地区，多采用极具特色的立面造型来展现服务区的不同主题。我国其他地区也陆续开发了主题服务区。例如，沪宁高速改扩建后的芳茂山服务区外形延续了常州恐龙园迪诺水镇中西结合又不失梦幻色彩的风格，主体建筑最高处为一只站立着的展翅欲飞的翼龙形象，将恐龙这一主题展现得淋漓尽致。京沪高速改扩建后的阳澄湖服务区主打园林主题，综合楼改造采用苏州园林风格，外立面整体采用吴冠中水乡水墨画的抽象线条，提取并重新呈现于建筑造型中。通过大型水景的引入、白墙黛瓦的坡顶天际线及精致的绿化景观设计，给人以"不入苏州城，尽览姑苏景"的体验。

（3）标志性

交通建筑是人们出行必不可少的服务场所，交通建筑的造型往往会引起人们的关注，交通建筑以其整体形象、局部形式、环境设施或装饰色彩的独特个性成为视觉焦点。服务区建筑因其功能的特殊性，建筑体量往往横向伸展很长，可通过局部突出或退台处理，利用高差突出重点部位。很多服务区都会设置一个塔楼，起到统领整个服务区的作用，而标志性效果最为突出的就是采用上跨主线的建筑形式，其相较于普通服务区建筑更为挺拔，不仅节约用地，还能使综合楼成为极佳的观景点。

2.7　荒漠区服务设施设计实例

高速公路通车后，人们在使用过程中最直观的感受就是公路沿线的房建工程。服务区是高速公路形象展示的一张名片，是人流、物流、信息流交织的大平台，是农产品销售的极好窗口，过往的旅客能够通过服务区迅速了解当地的风土人情、地域文化、物产特色、环境特色等。新疆要发挥高速公路服务区在旅游产业中的纽带和服务功能，增强疆内外旅客对新疆旅游的关注度，进而带动旅游业及特色产业的发展。

因此，服务区的建筑设计应该是用艺术的眼光和技术知识满足公众多元化出行的需求。

2.7.1　连霍高速（G30）新疆境内小草湖至乌鲁木齐段改扩建工程——盐湖服务区

1. 连霍高速（G30）新疆境内小草湖至乌鲁木齐段改扩建工程简介

本项目为改扩建工程，G30 线是《国家公路网规划（2013 年—2030 年）》"71118" 中 18 条东西向国家高速公路之一，是著名的欧亚大陆通道，也是新疆"十二五"交通运输"57712"工程规划中的第一"横"，是推动新疆经济社会发展的主轴线。该项目路线总体走向为由南向北，起点位于小草湖以东约 2km 处，与吐鲁番至小草湖高速公路项目终点相接，经小草湖、后沟、达坂城、二十里店、盐湖、柴窝堡、新疆化肥厂，在乌拉泊西附近接乌鲁木齐绕城高速公路，路线全长 120.612km，主要控制点有小草湖、达坂城、二十里店、盐湖、柴窝堡、乌拉泊、乌鲁木齐。

本项目采用封闭收费方式，根据交通工程专业和公路主线提出的高速公路收费、服务、养护及管理等要求，全线设置 1 处主线收费站（小草湖主线收费站）、7 处匝道收费站（达坂城匝道收费站、二十里店匝道收费站、盐湖匝道收费站、柴窝堡匝道收费站、芨东匝道收费站、芨南匝道收费站、乌拉泊西匝道收费站）、3 处养护工区 ［小草湖养护工区（利用原收费站扩建）、芨南养护工区（与芨南收费站同址分建）、盐湖养护工区（利用原盐湖服务区改扩建）］、2 处服务区

［小草湖服务区（利用原服务区扩建）、盐湖服务区（移位新建）］、1 处隧道管理所（后沟隧道管理所）、1 处超限检测站（苂南超限检测站）。

新疆拥有得天独厚的人文与自然旅游资源，但旅游开发相对我国发展好的地区稍有滞后，经营内容和售理模式单一，不能有效吸引游客。因此，最大限度地提升服务区的商业效益和社会效益并为当地经济发展提供助力，是本项目服务区设计的重点。

本项目服务区功能定位为：大幅度完善服务区停车、加油加气、餐饮、住宿、大型购物等旅游服务综合体功能，探索建立新疆服务区品牌连锁经营管理模式，积极开拓绿色产品经营、休闲娱乐项目、旅游资讯服务等新的发展方向。

2. 盐湖服务区项目概况

（1）地理环境

盐湖位于乌鲁木齐市南约 70km 处，距离达坂城市区约 45km，是达坂城著名旅游景点之一，因盛产食盐而得名，也是新疆地区最为著名的产盐地之一，被当地人称为"中国死海"。新疆盐湖景区是国家 4A 级景区、国家工业旅游示范园区、乌鲁木齐市新十景之一，是集盐类制品生产、观光、盐湖漂浮、休闲娱乐等功能于一体的特色旅游景区。目前达坂城盐湖已经在不断的完善和发展中，将成长为一个成熟的自然景区。盐湖服务区位于盐湖景区北侧。

（2）工程概况

盐湖服务区为移位新建，距离原服务区约 1km，北侧紧临 312 国道。原服务区南区保留利用，改扩建为养护工区（图 2.45）。

图 2.45　原服务区现状

盐湖服务区位于路线 K3519+400 南、北两侧。服务区（南、北区）总占地面积为 118 000m²，采用分离式中间型布置方式（图 2.46），停车场采用分功能、分车型的布局方式，便于管理。利用绿化带和服务区建筑进行隔离，南、北两侧靠近高速公路的部分分别为超长车停车位、小型车停车位、充电桩和电动汽车停车位、房车基地。综合楼位于场区中间位置，不但突显了综合楼在整个场区的地位，也使得综合楼成为场区空间序列的高潮。开阔的楼前广场、周边绿地构成了优美宜人的景观与环境。综合楼两侧分别布设大型车停车位、中型车停车位，综合楼靠近场区后侧分别为大型车停车位、危险化学品车停车位。锅炉房及水泵房、修理间及配电室等附属设施紧凑布置于入口后侧。南、北两侧通过场区中间的下穿通道相连接。加油加气站布置在服务区出口处，方便车辆加油加气，车辆进出流线顺畅（图 2.47）。

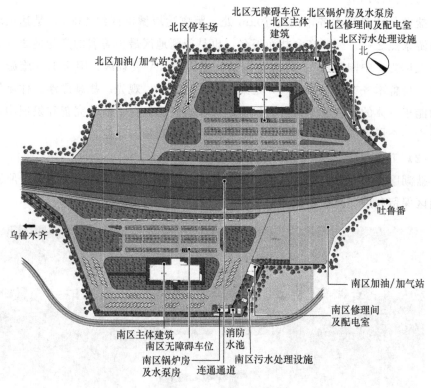

图 2.46　盐湖服务区总平面图

（3）建筑设计情况

盐湖服务区综合楼建筑面积为 3967.68m²，局部三层，钢筋混凝土框架结构，建筑高度为 12.45m。

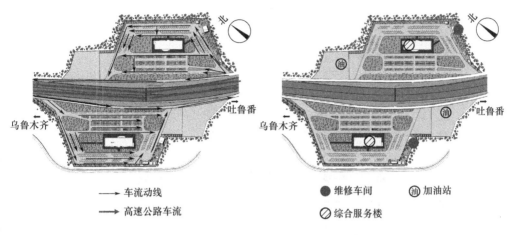

图 2.47　车流、人流动线分析

　　综合楼根据使用功能进行分区，为旅客在服务区的休息时段提供一站式服务。综合楼的业态引入中餐自助餐厅、地方特色美食广场、连锁超市、地方特色产品及纪念品商店等。

　　综合楼平面从左至右依次设置餐饮空间、休息大厅、超市、大型公厕。设计中以休息大厅为中心，休息大厅中布置服务台、电子查询设备和旅游信息介绍等功能，设置两层通高的厅堂空间，统领整个建筑。交通流线上将餐厅、超市、商店、卫生间相连接，方便使用。考虑盐湖当地的特产及文化特色，在超市与公厕之间的区域设计中岛铺，便于旅客选择。超市与休息厅、餐厅有效联系，便于旅客如厕、购物、用餐和休闲放松。建筑设施、通道均考虑残疾人、老年人、妇女及儿童的使用和通行，充分做到无障碍和人性化设计（图 2.48）。二层左侧扶梯入口处设置大型餐饮广场，通过楼梯间将办公区和休息区有效隔离，分区明确，动静结合（图 2.49）。

　　建筑立面采用现代的造型手法。外立面以盐湖的盐晶作为设计主题（图 2.50），将盐晶的意向呈现于建筑立面及室内，通过不同材质的表现手法打造"盐晶之旅"，并融于建筑。正立面采用不规则六边形的浅黄色铝板，勾勒出盐晶形状的建筑外墙，局部采用镂空透光的外墙设计（图 2.51），夜晚在灯光的照射下，犹如星光闪烁，仿佛身处盐湖美景之中（图 2.52）。投入运营的盐湖服务区如图 2.53 所示。

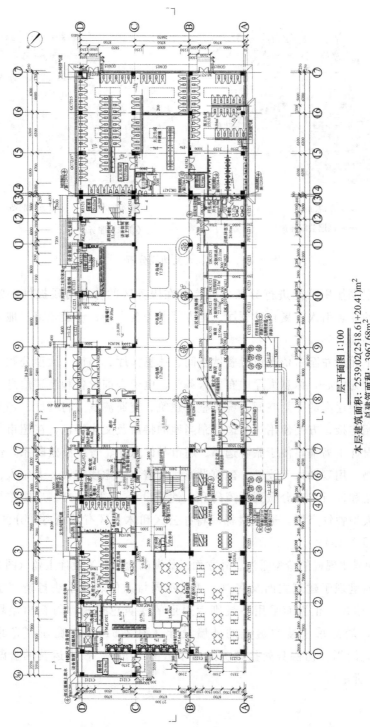

一层平面图 1:100

本层建筑面积: 2539.02(2518.61+20.41)m²
总建筑面积: 3967.68m²

图 2.48　盐湖服务区综合楼一层平面图

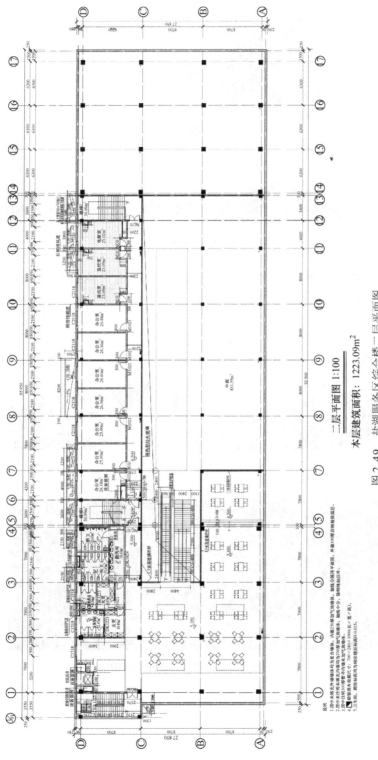

二层平面图 1:100

本层建筑面积：1223.09m²

图 2.49　盐湖服务区综合楼二层平面图

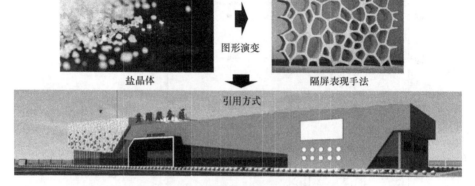

图 2.50 盐湖服务区设计思路演变

图 2.51 盐湖服务区效果图

图 2.52 盐湖服务区夜景效果图

图 2.53　投入运营的盐湖服务区

3. 设计小结

服务区是高速公路重要的设施之一,在重视其功能性的同时,对其建筑艺术的追求也不能忽视,因为只有将功能与艺术完美结合,才能体现高速公路的时代感和现代化水平,在满足功能要求的同时给人以美的享受。盐湖服务区的设计在功能和造型上都有所提升,但是对细节的把握还不够,在以下方面还有待完善:

1) 在景观环境方面尚未进行全面、细致的考虑。服务区景观设计应优先从服务区的实际需求出发,做到停车功能、服务功能、景观艺术三者有机结合。在场地的关键部位还需适当营造体现区域特色的人文景观。

2) 盐湖服务区现有设计中对于文化展示的考虑不足,没有深入挖掘当地的历史文化特色,不能深入表达当地丰富的地域文化资源,没有专门展示当地文化积淀的空间,这一点可以在以后的使用中通过综合利用宽敞的室外空间和调整室内功能来实现。

3) 盐湖服务区现有设计中对于自然环境的考虑不足。盐湖处于中温带大陆性气候地区,干旱少雨,寒暑变化剧烈,气候差异较大,多大风天气。综合楼设计中建筑维护结构采用大面积玻璃幕墙,屋顶采用天窗,对材料的保温性、气密性要求高,增加了建筑的能耗。在以后的设计中需因地制宜,优化围护结构的设计方法,降低建筑能耗。

服务区的设计需要从对服务区所在地区建设条件的认识、外部条件分析和建设规模及内容的认识三个方面理解服务区的地理环境及建筑功能,通过总体设计思路、总体设计理念和方案阶段设计思路考虑建筑自身的功能和造型设计,并尽可能满足业主和使用者对服务区各方面的要求。在服务区的整体设计中,要考虑自然环境、人文历史、社会经济等多方面因素,既要满足现代生活的需要,又要体现新时代地域文化的特色,赋予建筑生命力。

2.7.2 连霍高速(G30)新疆境内小草湖至乌鲁木齐段改扩建工程——小草湖服务区

1. 小草湖服务区项目概况

(1)地理环境

小草湖位于托克逊县北部,地处南北疆交界的咽喉要道,白杨河的中、下游,北隔天山与乌鲁木齐相望,兰新铁路、南疆铁路、吐(吐鲁番)—乌(乌鲁木齐)—大(大黄山)高速公路、312国道、314国道交汇于此,地理位置十分重要。其气候特点是光照充足,热量丰富,降水量少,夏季炎热,冬季干旱。小草湖是天山山脉的风口,被称为三十里风区。

(2)工程概况

小草湖至乌鲁木齐段高速公路是新疆建成的第一条高等级公路,随着沿线社会经济的不断发展,交通量增长迅速,其服务水平和通行能力已明显不足,迫切需要对服务设施进行改扩建。小草湖服务区于1998年8月投入运营,服务区内设停车场、公共厕所、便利店、加油站、汽车修理站、锅炉房、配电室等,仅提供简单的便民服务,满足服务区的基本需求。为了使小草湖—乌鲁木齐段高速公路沿线设施的建设更经济合理,满足使用功能,乌鲁木齐市公路局和新疆交通规划勘察设计研究院相关人员于2015年5月对小草湖服务区、收费站的建设规模、服务设施、使用情况等进行了调研,并与该路段的管理人员就该路段的管理、养护及服务设施的建设、使用情况进行了现场座谈,收集了部分竣工图纸,广泛征求了意见。小草湖服务区、收费站整体情况见表2.7。小草湖服务区(北区和南区)房屋建筑建设规模汇总见表2.8和表2.9。

表 2.7 小草湖服务区、收费站整体情况

站点名称	建筑面积/m²	采暖方式	供水方式	排水方式	供电方式
小草湖服务区	1261.22	燃煤锅炉	收费站供水	化粪池	市政电网
小草湖收费站	3872.19	燃煤锅炉	打井	化粪池	及发电机

表 2.8 小草湖服务区（北区）房屋建筑建设规模汇总

序号	办公及附属用房	结构形式	建筑面积/m²	层数	设计时间	建筑节能设计	使用功能	主要设备型号及系统形式
1	公共厕所	砖混结构	297.39	一层	2008 年	外墙、门窗	男蹲位 10 个，小便斗 18 个，女蹲位 22 个	钢制散热器水平串联，PPR 管连接
2	汽修、餐饮、便利店、住宿	砖混结构	986.58	二层	2008 年	—	一层为修理间、餐厅、厨房、库房、超市；二层为住宿用房	—
3	大豆超市、便民餐厅	砖混结构	204.76	一层	2008 年	—	超市 1 间、餐厅 1 间	—
4	加气站大棚	网架	336.48	—	—	—	加气站大棚	—
5	加气站办公室	砖混结构	219.29	一层	—	—	办公室、宿舍	—

表 2.9 小草湖服务区（南区）房屋建筑建设规模汇总

序号	办公及附属用房	结构形式	建筑面积/m²	层数	设计时间	建筑节能设计	使用功能	主要设备型号及系统形式
1	公共厕所	砖混结构	336.30	一层	2008 年	外墙、门窗	男蹲位 13 个，小便斗 27 个，女蹲位 21 个	钢制散热器水平串联，PPR 管连接
2	便利店	砖混结构	405.25	一层	2008 年	门窗	超市、库房	—
3	清真餐厅	砖混结构	421.05	一层	2008 年	门窗	餐厅、厨房、库房	—
4	管理用房	砖混结构	488.59	局部二层	1997 年	门窗	宿舍 4 间，办公室 5 间，厕所 1 间，局部二层为机房	钢制散热器水平串联
5	修理间	彩板房	7.6	一层	后加	无	1 间修理间	—
6	停车场食堂	砖混结构	92.5	一层	2008 年	无	食堂、厨房	—

序号	办公及附属用房	结构形式	建筑面积/m²	层数	设计时间	建筑节能	使用功能	主要设备型号及系统形式
7	停车场宿舍	砖混结构	108.65	一层	2008 年	无	宿舍 7 间	—
8	停车场值班室、宿舍	砖混结构	87.64m²	一层	2008 年	无	值班室 1 间、宿舍 4 间	—
9	停车场磅房	砖混结构	17.31	一层	2008 年	无	磅房 1 间	—
10	治超站检测棚	网架	89.39	—	2008 年	—	检测大棚	—
11	治超站检测房	砖混结构	28.11	一层	2008 年	外墙、门窗	检测房 1 间	—
12	治超站验票室	砖混结构	10.24	一层	2008 年	外墙、门窗	验票室 1 间	—
13	发电机房、配电间	彩板房	38.94	一层	1997 年	—	发电机房 1 间、控制柜	—
14	加油站大棚	网架	465.83	—	—	—	—	—
15	加油站办公室、宿舍	砖混结构	533.76	一层	—	—	办公室、超市、职工宿舍	—
16	加气站大棚	网架	344.61	—	—	—	—	—
17	加气站办公室	砖混结构	288.95	一层	—	—	办公室、宿舍	—

通过现场调查分析得出，作为已通车 17 年的吐乌大高等级公路的配套设施，小草湖服务区已不能适应当前社会经济发展的需要，无法满足人们优质出行的要求。服务区在使用上存在以下问题：

1）总体规划。场区用地规模偏小，建设规模不满足使用要求。目前停车区布设在主体建筑前，停车场无明确的车位划分，大型货车、旅游车、小型车、危险品车车位混在一起；内部设施布局散乱；缺乏科学、规范、人性化的标志标线设计，不能有效地引导车辆沿既定路线按照车型驶入特定的停车区域，许多车辆在停车高峰期无法驶入或驶出（图 2.54）。

2）使用功能。修理间、公共卫生间、住宿等基本服务设施在人流高峰期时不能满足使用要求，服务用房缺少休息大厅、管理用房、住宿用房、母婴休息

图 2.54　原小草湖服务区状况

室、独立的第三卫生间等房间和设施。

3）主体建筑缺乏特色。单体建筑立面设计过于简单，缺乏特色，不能给过往的旅客留下深刻印象，建筑不能很好地反映当地的人文环境和融入周边环境中（图 2.55）。

图 2.55　原小草湖服务区北区

4）设备管网。室外管网未作更换，部分已老化；部分设备容量较小（图 2.56）；化粪池容量较小，经常淤塞；蓄水池容量较小，无法满足生活及绿化需求。

针对以上问题进行原因分析。首先，在规划方面，由于我国高速公路服务设施建设起步较晚，缺乏完善的标准规范，早期高速公路服务区大多参考《日本高速道路设计要领》建设，渐渐暴露出整体规划设计不足、服务区规模不能满足现代的需求等问题。其次，由于对高速公路主线的交通特点分析和交通量预测有偏差，部分服务区的建设对市场需求预测不准确，服务区征地面积和建设规模与主线交通量不符，服务设施资源闲置与供不应求现象并存，影响了服务区服务水平的提升；服务区功能分区及设计未能充分考虑到人们的行为和心理需求，功能分区的设计有待进一步科学化、合理化和规范化等。

图 2.56　原小草湖服务区部分设施

2. 小草湖服务区改扩建设计

　　小草湖服务区在原址进行改扩建，位于路线 K3472+560 南、北两侧。改扩建后总用地面积为 118 000m²。南区原有加气站保留利用，北区超限检测站（治超站）保留利用，其余建筑建造年代久远，均予以拆除。

　　由于新征用地受限，改扩建设计将新建综合楼设置在场区中间，根据现有的场地合理地组织车流、人流，合理地布置道路、停车场和广场等，将各部分区域有机地联系起来，形成统一的整体（图 2.43）。以服务区综合楼为界，分前、后两大停车区域，特种车辆、危险化学品车辆、农用车、大型车、中型车、小型车、无障碍车分区停放。综合服务用房前设休闲广场，铺广场砖，为来往的旅客提供相对安静、环境优美的外部空间。以主入口处为核心，形成一个过渡性的空间，人们可由停车区进入综合服务用房，在满足停车区需求的同时也改善了周围的环境，提升了服务区的服务质量。靠近公共厕所处设置三个无障碍车位，并与相邻车位间留有 1.2m 的轮椅通道；大型车停车位设置在服务区综合楼后，避免不良车况对环境的影响；特种车采用平行停放方式，通行车道宽度为 10m；大型车采用 60°前进停车、前进出车的停放方式，最大限度地利用停车场的面积。停车场采用沥青混凝土路面，经济、实用，满足停车需求（图 2.57）。南、北两侧服务区通过场区南侧的下穿通道相连接。锅炉房及水泵房、修理间及配电室等附属设施紧凑布置于入口后侧。保留的原建筑与新建综合服务用房衔接，对保留部分的使用功能进行重新规划，保留部分室内的水、暖、电设备，做相应的改造，并对整体结构进行验算。

　　南区加气站保留利用，在出口处新建加油站；北区加气站及加油站均拆除，在出口处（小草湖超限检测站北侧）新建加气站。

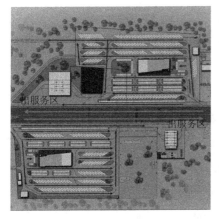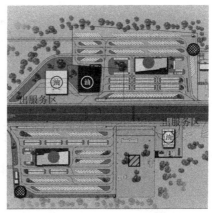

➡ 车流动线　➡ 高速公路车流　🔘 修理间
🛢 加油站　🔴 综合服务楼　▨ 原建筑保留位置

图 2.57　小草湖服务区车流、人流动线分析

（1）小草湖服务区综合楼平面设计

综合楼建筑面积为 2794.9m²，局部三层，钢筋混凝土框架结构，建筑高度为 8.7m，建筑总高为 18.15m。综合楼根据使用功能进行划分，为旅客在服务区的休息、用餐、购物、如厕提供一站式服务，使旅客享受轻松、愉悦的休憩环境。

一层平面以主入口的休息大厅为核心，通过两处内庭院将超市、餐厅、公共卫生间有机地联系在一起（图 2.58），休息大厅中设有服务台、多媒体自助服务设备、医疗救助设施等。旅客进入休息大厅后可通过左侧的内庭院到达餐厅用餐，既休闲又放松。餐厅和厨房有效分隔并采用大开间的布设方式，便于后期灵活招商。超市设在休息大厅后方，这里是人流量最集中的区域，便于旅客购物。旅客进入休息大厅后通过右侧的内庭院到达公共卫生间。一层各区域功能明确，布置合理，使用方便。考虑到大风灾害对行人的影响，综合楼扩大了一层休息大厅及二层的休息间，以供滞留人员使用。二层主要功能为办公区及休息区（图 2.59）。旅客可通过一层内庭院的景观楼梯直接到达二层的室外休息平台，互不干扰的人性化设计让旅客在享受周围自然美景的同时得到休闲放松。

（2）立面设计

巧妙地将吐鲁番地区的晾房等元素融入整个建筑中（图 2.60），勾勒地方特色建筑语言，强调古、新丝路文化的融合。通过现代景观设计的手法，体现丝绸之路经济带新疆段的风土人情、地域文化（图 2.61）。投入运营的小草湖服务区如图 2.62、图 2.63 所示。

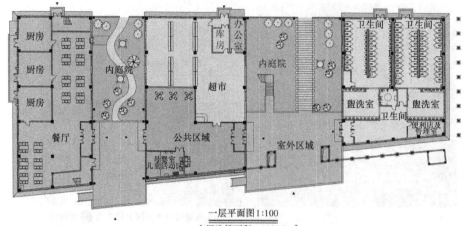

一层平面图1:100

本层建筑面积：1809.8m²
总建筑面积：2794.9m²

图 2.58　小草湖服务区综合楼一层平面图

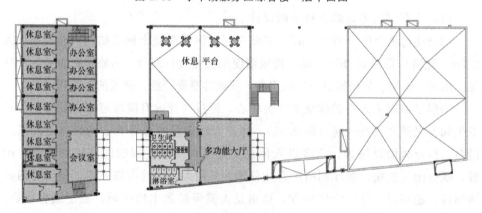

二层平面图 1:100

本层建筑面积：898.8m²

图 2.59　小草湖服务区综合楼二层平面图

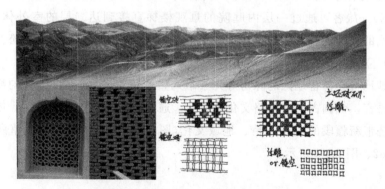

图 2.60　小草湖服务区设计演变图

图 2.61　小草湖服务区效果图

图 2.62　小草湖服务区室外

图 2.63　小草湖服务区室内

3. 设计小结

小草湖服务区采用合理、便捷、舒适的功能分区和高质量的提升设计，通过方案的创意性体现具有特色的建筑风格，并重视生态环境及人性化设计，注重体现服务区设计的丰富性与多功能性，充分利用自然景观，结合现有地形，突出休闲区环境设计，为旅客创造良好的休息空间。小草湖服务区利用新技术打造优秀的服务区改扩建工程，不仅满足了 G30 高速公路运营的需要，而且成为高速公路上一道靓丽的风景线。

小草湖服务区场区规划布局最大限度地利用原有场地已有的路面结构层，减少土方的开挖回填。针对新路面与老路面标高的差异，采取不同的施工措施。南、北区原综合楼拆除后需新建场地道路，南区原综合楼拆除后需破除周边局部道路路面和水稳结构层，以确保新综合楼基础的施工。停车区根据路面实际情况采用不同的处理措施。在景观设计上，充分利用场地原有绿化，打造"休闲驿站"。

从以人为本的设计理念出发，将健康舒适的设计目标贯穿整个综合楼建筑设计过程，在设计中充分表达对使用者的关怀与尊重，是小草湖服务区人性化设计的体现。小草湖服务区综合楼的朝向兼顾了日照和通风要求，迎风面的垂线与小草湖地区主导风向成 30°～60°，建筑布局方向合理，使自然风通过门窗进入综合楼，起到自然通风换气的作用，既健康又节能。同时，通过设置室内庭院和屋顶平台获得充沛的日照。在休息大厅等区域布置阳光充足的中庭，休息座椅区布置绿色植物等，营造温馨、亲近自然的空间氛围，缓解司乘人员和过往旅客的疲劳感，提升综合楼的室内环境品质。综合楼采用合理便捷的功能提升设计，通过双入口设计拉动服务区内部流线。服务区中心走道宽 10m，在满足舒适的感官体验的同时亦可布置移动售卖、文化展示等活动场地，提供多样的空间体验。餐厅与美食广场位于服务区左侧，便于经营管理。厕所位于服务区右侧，为旅客提供便利的同时也通过超市—厕所—超市的流线拉动了消费。综合楼的功能配置还可以根据实际运营需要灵活调整，给使用者带来方便和舒适的商业空间。

总体来看，高速公路服务设施存在的问题贯穿于总体规划、功能设计等方面，只要结合项目自身的特点，客观分析服务需求，灵活运用现行规范指标，科学合理地进行场地规划设计，增加人性化的设计，充分考虑自然资源、人文资源、经济资源等因素，再应用于具体的设计中，服务区设计的整体水平就能不断提升。

第3章 高速公路收费设施设计

3.1 高速公路收费设施概述

3.1.1 高速公路收费设施的定义

为偿还道路工程建设贷款、筹资道路运营养护费用或以道路建设作为商业投资目的，对过往车辆征收通行费的道路，称为收费道路。

在收费道路上用于收取过往车辆通行费用的一切交通设施，称为道路收费设施，包括土建工程设施和机电工程设施。

高速公路收费设施是用来对高速公路上通行的车辆收取通行费用的设施。收费道路或收费互通式立体交叉必须设置收费设施。收费站的设置位置一般分为两种：一种是直接设在主线上，也称为路障式，多置于主线收费路段的起、终点处；另一种是设在立体交叉道路或连接线上，一般用于主线收费路段之间的互通式立体交叉，对被交道路上进、出主线的车辆进行收费。

3.1.2 收费站的基本组成

高速公路收费站主要由四部分组成：

1）收费卡门。收费卡门包括收费岛、收费亭、车道、收费大棚等部分。收费岛是设在收费通道之间、高出路面的船形钢筋混凝土结构物，车辆驶入的一端为岛头，驶出的一端为岛尾。收费亭是供收费人员办公用的结构物，内部配有收费系统的机电设施，在满足办公需要的同时为收费人员的安全提供保障。收费大棚是指位于收费岛上方的大棚，可起到保护收费岛的作用，是高速公路的形象窗口和具有标志功能的建筑物。

2）收费广场。收费广场即收费站前后加宽的部分。收费广场的设置为车辆减速行驶、停车缴费提供了平台。

3）收费站房。收费站房的设置按用途主要分为两类，一类是办公管理用房，另一类是收费工作人员生活配套用房。收费站房的规模宜结合工作人员数量、土地条件、收费站总体规模等确定。

4) 供电照明设施。包括监控室、通信设备及车道照明等供电设备。

3.1.3　收费站的类型

收费站按照不同的收费方式可以划分为不同的类型。

1. 按收费站布设的位置分类

收费站按布设的位置不同可以分为主线收费站和匝道收费站。

主线收费站一般设于高速公路主线上。由于主线上交通量大，且车辆行驶速度快，主线收费站必须设置在视野开阔的地方，并且在一定范围内设置醒目的标志，提醒驾驶员提前减速。

匝道收费站一般设于高速公路沿线的各个出入口。与主线收费站相比，其交通量相对较小，建设规模一般不大。在设计匝道收费站的平面位置时，设计者应对收费站道引起重视，着重考虑从收费站出口到连接道路的距离，避免因交叉点处滞留的车辆过多而影响主线。其布设方式可分为分散式、集中式和组合式三种。

1) 分散式：在互通的各个转向象限上都设有收费站。其优点是车辆不能绕行，缺点是人员、设备、服务设施分散，投资大，管理不便，实际应用较少。

2) 集中式：整个互通只存在一个收费站。其优点是便于集中管理，可集中布置与收费站配套的设施、人员、服务设施，投资少。其缺点是会限制立交的几何线形，且绕行交通量较大。

3) 组合式：介于分散式和集中式之间。组合式的优点是根据实际情况，将两个以上象限相邻的收费站集中在一起。按这种方式设置的收费站数量仍多于一个，但局部集中，车辆绕行距离适中。其缺点是人员、设备、服务设施仍然分开，不能集中于一处。

2. 按收费制式分类

按照收费制式不同，分为均一式、开放式、封闭式和混合式四种，现阶段我国高速公路的收费基本上都采用封闭式。

封闭式收费是在高速公路的所有进出口设置收费站，并按行驶里程收费。利用收费站控制进出高速公路的车辆，车辆进入高速公路后可在内部自由行驶，整个高速公路呈封闭状态。

封闭式收费有两种方式。一种是在进口处领取通行卡，通行卡上记载着发放通行卡的收费站名称或其统一规定的编号，车辆离开高速公路时，需经过出口收费车道，届时出口收费工作人员就会根据通行卡记录的信息，确定车辆行驶的里程，然后根据车型收取相应的费用。另一种是在进口处收费工作人员询问驾驶员车辆行驶目的地，根据行驶里程和车辆类型收取相应的费用，给驾驶员交费凭证以供在出口处查验，避免了在使用完高速公路不交费的现象。无论哪种收费方式，全程均只需停车两次、缴费一次，驾驶员容易接受。

设置封闭式收费站的主要优点在于：

1）收费额按行驶里程和车辆类型确定，公平合理。

2）由于各个出入口均设置收费站，不会出现漏收现象。

3）停车和交费次数较少，驾驶员易接受。

4）利用通行卡上记录的车辆信息可以获取出入口的交通量信息及各互通立交的交通量分配等。

封闭式收费站存在以下缺点：

1）设置的收费站较多，建设规模较大，投资较大。

2）出口处手续较复杂，效率较低，对交通影响较大。

3）收费额是依据行驶里程和车型来确定的，可能会有收费工作人员或道路使用者作弊的情况，因此增大了管理难度。

封闭式收费系统尽管有一些突出的优点，但在建设投资、运营管理方面存在一定的缺陷，在选择时应权衡利弊后确定。

3. 按收费形式分类

按收费形式不同，分为停车人工收费、停车半自动收费和不停车自动收费。

1）停车人工收费：车辆需停在收费亭窗口，由收费站工作人员判别车辆信息并录入计算机，打印通行卡并收取现金。

2）停车半自动收费：在高速公路入口处发卡，在出口处读卡，人工收取相应的费用。

3）不停车自动收费：也称为 ETC（Electronic Toll Collection）。这种收费方式不需要收费员，利用车辆电子自动识别和快速通信技术实现收费功能。该系统由四部分组成，包括电子标识卡、收发器、微处理器及车道控制器。

3.1.4　高速公路收费站设计的有关规定

高速公路收费站的设计应参照国家颁布的相关公路建设标准规范和文件等，如《公路工程项目建设用地指标》（建标〔2011〕124号）、《公路工程技术标准》JTG B01—2014、《公路路线设计规范》JTG D20—2017、《高速公路交通工程及沿线设施设计通用规范》JTG D80—2006 等。

1.《公路工程项目建设用地指标》的规定

根据《公路工程项目建设用地指标》（建标〔2011〕124 号）的规定，高速公路收费站的用地指标见表 3.1 和表 3.2。其中，高限适用于六车道高速公路，低限适用于四车道高速公路。计算收费设施用地范围包括收费站站房建筑及站内道路、停车场、绿化用地、配电室、锅炉房、排水设施等。

表 3.1　收费设施及收费车道数用地指标

序号	设施类型	收费车道数	用地指标/hm²	每增减一个车道 需增减的用地指标/hm²
1	主线收费站	12	0.8667～1.0000	0.0417～0.0467
2	匝道收费站	6	0.3333～0.4667	0.0417～0.0467

注：1. 用地指标指每处收费站的占地面积。实际征地面积为用地指标加上不同地形设计边坡所占的土地面积。

　　2. 八车道高速公路省界收费所站和匝道收费所站的用地和建筑面积指标可根据交通量、交通组成等经论证后确定。

表 3.2　高速公路主线收费站、收费广场及过渡段用地指标

行车道宽度及 中间带宽度/m	收费车道数		收费广场及过渡段 用地指标/(hm²/座)	每增减一个车道 调整指标/(hm²/座)
	进口	出口		
2×1.5+4.5	6	13	2.1598	0.1450
2×11.5+4.5	5	11	1.5777	0.1190
2×7.5+4.5	4	7	0.6758	0.0856
2×7.5+3.5			0.6997	0.0867
2×7.5+2.5			0.7240	0.0878
2×7.0+2.5			0.7487	0.0899

2.《公路工程技术标准》JTG B01—2014 的规定

收费设施设计应与公路设计确定的服务水平相协调。公路收费广场、服务区应设置照明设施。收费系统的建设规模应根据预测交通量进行总体设计。收费系统的机电设备可按公路开通后第 15 年的交通量配置，收费广场、站房及其征地等应按远期规划设计。

3. 《公路路线设计规范》JTG D20—2017 的规定

根据《公路路线设计规范》JTG D20—2017，主线收费站范围内的路线宜为直线或不设超高的曲线，不应将收费站设置在竖曲线的底部。

4. 《高速公路交通工程及沿线设施设计通用规范》JTG D80—2006 的规定

（1）一般规定

收费岛、收费广场、收费车道、路面、地下通道、天棚的设计交通量按预测的第 15 年交通量设计；收费广场用地、站房房屋、站房区用地和相关土方工程等与主体工程保持一致，按预测的第 20 年交通量设计。

收费系统服务时间规定：封闭式收费系统入口为 6～8s，出口为 14～20s；开放式和混合式收费为 12～14s；省界联合收费站宜为 20～26s。

（2）收费岛设计要点

收费岛外缘高度为 0.3m，宽度宜采用 2.2m。在高寒地区，因需设置保温层、采暖设施，或将地下通道口设在亭内等，收费岛宽度最大可达 2.6m。

收费岛长度主要是由收费岛上安装的设备类型所决定的。半自动收费的收费岛长度以 28m 居多。此外还应考虑通过收费站时的设计车速。不停车收费和动态称重车道的收费岛长度需要相应增加。

（3）收费广场设计要点

收费车道大于或等于八条时应设地下人行通道。收费广场场区应做排水设计。

（4）收费天棚设计要点

收费天棚满足净空即可，无需太高；要求结构易成型，利于排放废气。

3.2　收费站的规划和选址

3.2.1　收费站规划设计原则

在进行高速公路收费站规划设计时除应满足基本的功能需求外，还应结合具体的地形条件，综合考虑各种影响因素，做到功能明确、使用简单、便于管理、经济合理。由于收费站是高速公路的门户，在设计时还应考虑沿线的历史文化特点和地域风格，展现当地的自然与人文特色，设计具有高速公路交通特色的建筑。此外还需综合考虑道路和设施维护、道路结构与照明、单体与配套设施、空间与环境的联系等。具体要求如下：

1）满足基本功能要求。收费站最基本的功能就是对道路上过往的车辆收取通行费。在进行收费站布设时，应首先满足收费功能的基本要求。所有设施都必须直接或间接为道路收费服务。

2）满足合理布局要求。在满足使用功能的前提下，布设收费站时应注意布局合理，遵循便于使用、整齐有序、功能分区合理及经济实用的原则。除了强调功能分区，还要注意各分区的联系，布局紧凑。

3）考虑与周围自然环境紧密结合，将绿化融入建筑，营造舒适、宽敞的办公环境和优雅宜人的居住环境。

3.2.2　收费站选址原则

收费站站址选择是收费公路设计的重要内容之一，若考虑欠周将造成道路使用的不公平，甚至成为交通瓶颈和事故多发段，给道路使用者和经营者造成时间和经济上的损失。收费站设计时应根据主体工程设计要求，结合主线和互通立交的匝道交通量，协调优化设计方案。根据交通部、国家计划委员会、财政部《关于在公路上设置通行费收费站（点）的规定》（1994）的要求，收费站选址一般要遵循如下原则：

1）平面线形要满足车辆多次反复起步、制动和停车要求。平面线形尽可能顺直，当为互通立交收费站时，若收费广场设在主线上，其平面线形应与互通立交的主线线形标准一致；若设在匝道或连接线上，其平曲线半径不得小于200m。

2）收费站不得成为安全方面的障碍。位于匝道上的收费站要避免影响主线上的交通。对于主线收费站，应在一定距离外给以预告，而且在较远处即能看见收费站，提醒驾驶员减速行驶。主线收费站宜设在直线段上，避免设置于容易超重、凹形竖曲线值最低等处，不宜设于转弯半径过小、坡度过大之处，避免设置于天气变化无常的地方。

3）收费站应距离隧道出口至少2km，主线收费站与互通立交的距离在市区路段至少为1.6km，在郊区路段至少为3.2km。

4）在考虑高速公路整体需要的前提下，应依据《公路路线设计规范》JTG D20—2017，本着少占良田耕地、减少民房拆迁、尽量利用坡地、避免大挖大填的原则对收费站进行选址。

5）在设置收费站时应充分考虑使用者付费、公平性、按里程收费的原则，同时考虑对主线及地区交通的影响，避免在交通拥塞地点设置收费站。

6）注意主线的走向及周围地势，考虑生态环境保护的问题及场地的水文地质状况，注意与周围自然及人文环境相协调，坚持可持续发展、节约能源的原则，确定合理的规划布局，力争把收费站建成一站一景。

对于匝道收费站，由于它的设置位置对立交线形有着特殊的要求，设计中一般应遵循以下原则：

1）两个联网收费区域中的两条高速公路相交处，需要设置互通立交匝道收费站时，在满足互通立交使用功能的前提下，宜采用双喇叭互通立交形式，在匝道上设置合建收费站。

2）不应使车辆被重复收费或遗漏收费。在立交中设置的收费设施要确保出入互通立交的车辆不被遗漏收费，也不能使车辆过多地停车或被重复收费。

3）收费广场两侧应保证足够的视距及停车要求。当有收费广场时，应预先给使用立交的车辆以提示，使车辆有足够的刹车距离。在收费处不可避免地出现排队情况时，车辆不应占用匝道的行车道，特别是不能占用已分离的匝道行车道。

3.2.3 影响收费站选址的因素

1. 技术因素

1）在进行收费站选址时，应考虑收费站所在地的平纵线形，避免将其设在长大下坡或小半径平曲线上，造成刹车失灵或视线不良而发生交通事故。

2）路面的平整度指标是衡量道路使用性能的依据，直接影响到车辆行驶的舒适性和安全性。如果路面坎坷不平，会导致车辆的突然颠簸，使得车辆某些部件损坏，从而易导致车辆失控、刹车失灵。因此，在施工过程中要严格控制路面的平整度，保证收费广场路面的平整性。

3）路面的防滑性是衡量道路安全性的指标之一，设计时主要考虑路面附着系数。在危险的路段附着系数应不小于 0.6，在良好的道路条件下附着系数不小于 0.45，在雨天条件下附着系数不应小于 0.3。当路面附着系数小于要求的最小限度时，车辆在行驶中稍微制动就会产生侧滑，从而失去控制。尤其在雨天，当高速行驶的车辆进入收费站时减速不明显，车辆易打滑，容易发生交通事故。

2. 自然因素

（1）浓雾

由于车辆在进出收费站时要加减车速或变换车道，浓雾天气时能见度低，驾驶员无法清楚辨认前方的障碍物，容易因车距不足或加减速不当导致发生交通事故。

（2）冰冻

冬季气温较低，经常会出现雨雪冰冻天气，在进入收费站时，行驶的车辆刹车时容易因轮胎与路面摩阻力不足而打滑，增加发生事故的概率。

（3）暴雨

出现暴雨天气时，能见度较低，路面湿滑，路面与轮胎的摩擦力变小，轮胎易打滑，在通过收费站时容易因加减速或变换车道而发生交通事故。

3. 交通量因素

设置高速公路收费站是为了回收高速公路的投资，但是必须在保证高速公路运输效率的前提下进行此项工作，所以要在合理考察当地交通量的前提下，选择适宜的地段建设收费站，避免出现因收费站设置不合理造成交通量不平衡的问题，加剧相邻道路的通行负担。

4. 经济因素

高速公路收费站的位置选择应在坚持服务大众的前提下，本着节约投资、减少用地、保护周边自然环境的原则，综合考虑征地成本、建造成本、作业成本确定。

1）征地成本。高速公路收费站占地面积一般包括收费广场、收费亭、停车场、收费站房及公用设施等。征地费用是决定收费站投资的重要因素。

2）建造成本。收费站的建造成本包括收费站建造时需要投入的人力、物力的费用。合理地采购材料、调运机械设备是降低建造成本的重要措施之一。

3）作业成本。在车流量较大的地点，收费工作需要较多的作业人员，作业成本亦相对增加，因此车流量大的地点不宜设收费站。

3.2.4　收费站总体布局

收费站点的布局必须严格执行《中华人民共和国公路法》及国家有关设站技术标准的规定，包括符合《收费公路管理条例》（2004）规定的设置收费站点的等级条件、里程条件和期限条件，须报省、自治区、直辖市人民政府批准，并报交通运输部备案。要以自然条件和周围环境等因素为依托，以服务于整个高速公路的运行为基本原则，充分利用各种资源，运用多种设计手法，创造出既满足各功能所需的空间和使用要求，又经济合理、富有人性化的工作和生活环境。

要依据总体规划，以国家强制性规范规程为依据，进行各站区的场地设计。在总体布置上，依据自然条件和周围环境等，确定合理的布局，力求构思新颖，体现高速公路营运管理的特色。在功能方面，要满足各功能所需要的空间和使用要求；在经济方面，选定合适的技术经济指标，充分利用自然资源，方便施工；

在景观方面，运用美学原理及设计理念，创造色彩鲜明、和谐优雅、富有人性化的工作、生活环境。

1. 收费站总平面设计

在高速公路附属区房建工程的构成中，收费站房所占比例最大，其总体布局位置通常是由高速公路的互通立交位置所大致决定的，单纯从收费站建筑自身的角度出发进行选址的机动性不大。

收费站房是收费站的管理和控制中心，包括综合楼和附属建筑物。总平面中最主要的是收费人员的办公及食宿功能。部分收费站规模较小，可将办公、住宿功能集中布置于一栋楼，并可设置层高 2.2m 以下的架空层作为其他用房，但同时应考虑办公、居住互不干扰；规模较大的收费站可将办公区、居住区分开设置，但应联系紧密。

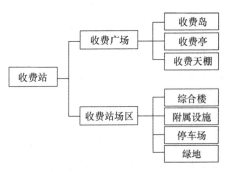

图 3.1　收费站设施

在收费站总平面设计中应包含如图 3.1 所示的设施。

总平面设计需要遵循以下原则：

一是尊重自然的原则。以尊重自然、生态优先为出发点，合理安排室外平面功能，如把运动场地、配电房、泵房等配套设施布置于站房区的边角零碎用地；尽量将完整的用地用于办公、宿舍等空间，避免用地浪费。

二是整体优先的原则。收费站房区的环境设计要服从自然环境的整体要求，房区内的绿化要服从内外环境的整体要求。例如，可在房区周围保留或设置一定的绿化带，既能减少来往汽车尾气及噪声的污染，也能提高收费站房区环境的整体质量。

三是创造人与自然交流的平台原则。按照需要设置不同方位的露台或平台，使户内与户外空间相互交融。

在总平面规划中，应注意与相关道路及收费广场、停车场的关系。在功能分区上既要分区明确，避免人流、车流互相干扰，又要布局紧凑。

（1）收费站综合楼位置

综合楼是收费站的主体建筑，应位于场区内主要位置。综合楼宜面对收费广场，距离道路边线大于 20m，方便随时观察收费广场的情况。如果布置困难，则应保证综合楼坐北朝南，与收费广场的关系可用调整综合楼出入口及监控机房的平面位置等办法解决。综合楼与收费广场间不应设置其他建筑物，防止视线的遮挡。

（2）出入口位置

收费站场区的主要出入口宜设置在收费卡门出入口侧，方便管理人员到收费广场处理事务及保证收费员从收费岛到场区综合楼携款的安全。收费站场区一般设一个主出入口和一个次出入口，便于站区与外界的工作联系。出入口距收费岛中心线外侧不宜小于30m。主出入口宽度不宜小于7m，宜设置电动折叠门或电动推拉门，一般不设传达室。

（3）附属建筑

食堂、变配电室、锅炉房、水泵房、车库等附属建筑平面布置不宜太分散。变配电室的平面布置应考虑场外供电线路终端杆的位置及场内和收费广场所有供电线缆总长度相对最短。相对来讲，食堂应靠近宿舍楼；变配电室宜远离宿舍楼；锅炉房、水泵房、车库宜连建，食堂最好单建，气瓶间应与食堂相邻，但需满足消防要求。

（4）供电与照明

综合楼照明至少应有三个回路，即照明、动力及监控机房供电。变配电室的备用发电机组应首先考虑监控机房及收费广场的供电。监控机房照明应满足机房照明设计的有关要求。监控机房设备及应急照明和收费广场所有设备与照明均应与UPS连接。收费广场的照明分为广场照明及棚下照明。棚下照明除满足照度规定外，建议采用混光照明。

（5）道路与硬化场地

场区内应设车行的环形道路及必要的人行通道。场地面积不紧张时宜设置篮球场或将停车场、训练场、篮球场合建，在综合楼前设置场地。道路应设路缘石及若干雨水井，雨水排放不宜采用漫流形式。

（6）合理安排管道、管线

高速公路的监控、通信、供电、照明等的电缆管线和收费站房的给排水等管道在收费站的总体布局中要统一考虑。由于各类管线由不同的专业工程师设计，也可能不是由同一单位施工，所以各专业要统一协调，在平面、纵面上相互兼顾。互通式立交和收费站是各类管线的汇集处，在设计时应将各专业的设计汇总，绘出总平面布置图，使各种管线在平、纵面上合理布置，也便于在施工过程中掌握。要注意的是，信号电缆与供电电缆（特别是强电电缆）之间应有一定的安全距离，收费岛上各种设备的管线均要汇集到收费站控制室内，收费亭内的收费数据也要传送到收费综合楼内，因此一般是在收费亭下设置一布线槽，使供电与信号电缆分开设置，并用线槽固定。

由于主线收费站前后有一段距离没有中央分隔带，且主线收费站有 200m 左右的水泥混凝土路面，当主通信管线通过主线收费站时，宜在收费站开始拓宽前将主通信管线改在路线外侧通过。为了防止与收费站内的管线有过多的交叉，主通信管线宜在主线收费站房的另一侧通过。收费广场中心线处设一分支入口，使主通信管线与收费站管线联系起来。

2. 收费站的竖向设计

(1) 收费站场区标高的设计应合理

由于收费站场区面积较大，若填土高度过大，将直接导致土石方工程量增加，同时建筑物的基础埋深增加，工程造价必然大大提高。若填土高度过低，则不能满足场区排水的要求。为确保场区内排水畅通，排水管末端管中心标高应高于边沟沟底标高不小于 0.5m，自排水管末端管中心标高按常规排水坡度至排水沟端部，且应满足排水管最小埋置深度要求，以确定室外地面标高。在收费站设计过程中，应选择合理的位置，综合考虑地形、地貌、排水及防护的要求。收费站场内标高可根据实际情况设置适当的高差以减少土石方工程量，但应特别注意场地内道路坡度和边坡防护及排水要求，并应布置在红线范围内。

(2) 建筑物基础标高的设计要准确

综合楼前地面标高与收费广场路面高差不应大于 1m。目前有一些收费站，有的建筑物按照设计基础底面标高进行基槽开挖时，发现建筑物基础未达到设计持力层，需对设计标高进行调整。出现这样的问题，主要是因为设计阶段对场地的地物、地貌调查不够，对场区原地面的标高测量不准确，导致设计时确定的标高与实际情况不符，影响了设计质量。因此，一定要高度重视对现场的调查及测绘。

3. 收费站常用布局形式

高速公路收费站内的主要建筑是综合楼，一般来说，综合楼集工作、食宿于一体，但有时由于实际需要也有分开建设的，因此收费站的布局形式可分为两种，即分离式和集中式。不论哪种布局方式，都要遵循总体布局的各项原则，尽量做到功能分区清楚、布局合理，有效地利用每一寸土地，并适合人们使用。

如图 3.2 所示为一收费站平面图，综合楼平行于道路主线正对收费广场，为的是有更好的视野；综合楼前设置集散广场，可用于停车及职工活动；场内的附属设施（如锅炉房及水泵房、车库及配电室）成组安排在场地北侧靠围墙处；垃圾房则置于场地的西北角、综合楼北侧；场地中还留有大片绿地，为工作人员的工作、生活环境增色添彩。

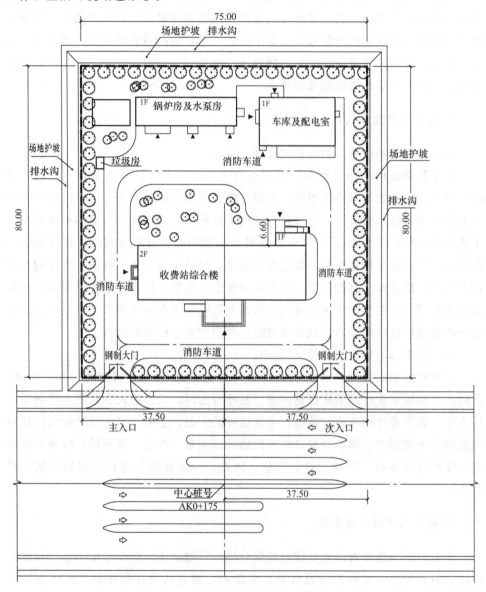

图 3.2　收费站平面图示例（单位：m）

4. 收费站路面设计

水泥混凝土路面是高速公路收费广场采用的主要结构形式之一，因其刚度大，稳定性较好，使用寿命较长，具有较高的承载能力和扩散荷载的能力，被广泛应用在收费广场路面工程中。但是由于在设计中考虑不足，水泥混凝土路面在使用一段时间后往往会出现断板、错台、板底脱空、损边、掉角的现象，因此在路面设计中需注意考虑以下问题。

（1）交通量增长情况

笔者通过对出现早期破坏的收费广场进行调查，发现通过收费广场的交通量常常远大于设计时考虑的交通量。建议在设计前对本地区目前的交通量及在设计使用年限内可能出现的最大交通量做详细的调查。

（2）车辆超载情况

在经济利益的驱动下，有些货物承运者往往增加货运量，车辆超载现象较多。设计中通常只考虑各车型的额定标准轴载，忽视了车辆的实际轴载情况，而超载使路面的一次疲劳程度相当于标准轴载的几十倍至上百倍。因此，超载是导致水泥混凝路面断板的重要原因。

（3）排水设施情况

路面积水一般通过两种途径排走：一是通过路面纵坡和横坡排出路面；二是通过混凝土路面的各种沟缝渗入地下，通过盲沟、暗沟、排水层等地下排水设施排走。若进入路面下的水不及时排走，长期积蓄在混凝土板底，就会出现淤泥、板底脱空等，重载作用下则可能出现断板。因此，在设计时应做好地下排水设施设计，并与两侧路肩及基层材料配合设计，实现排水通畅。

3.3　收费站设计

3.3.1　收费站房屋建筑的组成

收费站房屋建筑主要包括管理楼、集体宿舍、食堂、厨房、警卫室等，附属设施包括变配电室、发电机房、水泵房、车库等，如图 3.3 所示，其中最主要的是管理楼，它是收费站的管理和控制中心。以前的管理楼仅仅用于办公，现在出于多种原因，大部分新建的收费站都将员工宿舍和食堂与管理楼合并设置，这使得管理楼的功能趋向多元化，成为综合楼。

收费站综合楼是收费站收费管理系统的中心，应将其设置在距离主要入口较近和较明显的地方，并考虑车辆的停放。收费站综合楼大多远离城市，而收费工作需要 24 小时倒班，不能间断，因此管理楼应具备办公、食宿、活动等功能。其中办公及活动区应设有站长室、财务室、收费监控室、通信室、电源室、值班室、票据室、会议室、活动室等。

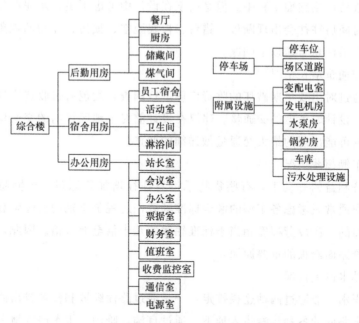

图 3.3　收费站房屋建筑场区功能组成示意图

在测算房建规模时，办公用房仅根据人均面积指标来计算是不妥当的，宜从使用的角度按照所需房间、房间大小的标准来推算建筑规模。

在确定综合楼的规模与平面布置时需注意以下几点：

1）根据综合楼的规模、人员编制情况及各部门对房间的使用要求和标准，按照现行的建筑规范确定各类用房的面积及数量。

2）综合楼内各种房间所在的楼层和位置应根据使用要求和具体条件确定。一般应将对外联系多的部门设在主要入口或明显部位，避免外来人员穿梭往来，影响其他部门的正常工作。

3）综合楼应根据使用要求、场地面积、结构选型等条件按建筑模数确定开间和进深。有特殊要求的房间尺寸应按照使用部门的要求配合有关专业人员单独考虑。

由于收费站房大多沿高速公路设置，位于城市边缘，收费站工作人员和道路养护人员的生活、工作有诸多不便。为了为工作人员提供较好的工作、生活条件，保证各项工作顺利进行，综合楼的建筑标准可稍高于同类建筑。在收费站建筑中，综合楼是主要建筑，是工作人员活动的主要场所，对其他建筑设施起主导作用。

办公区与宿舍区应进行动、静分区，可竖向分区，也可水平分区。收费站建筑规模较小时，可将办公、食宿集中布置于一栋建筑内，利用楼层或出入口分开的办法与办公区分隔，但应合理布局，使办公、居住互不干扰。在平面功能、垂直交通、防火疏散、建筑设备等方面要综合考虑相互关系，合理安排。宜根据房屋使用功能分设不同的出入口，组织好内外交通路线。

"一"字形（走道式）是较为传统的平面布置方式，是一种采用比较广泛的平面组合方式。收费站综合楼的办公区和宿舍区大都采用这种布置方式，尤其是宿舍用房，面积不大，且要求独立设置，各个房间又需要建立便捷的联系，走道式平面组合可较圆满地解决这些问题。

图 3.4、图 3.5 所示的小型收费站综合楼平面图，将办公、食宿合为一体。为满足收费监控室的视觉要求，建筑平面采用 L 形布置方式，其长轴与收费广场长向平行，采用内廊式布局，走道在中间并联系两侧的房间。这种布置方式，走廊交通面积相对较少，建筑进深大，保温性能好，但有半数的房间朝向较差，可以把辅助房间如卫生间、浴室、楼梯间布置于朝向较差的一侧。除此之外，可采取走廊端部设窗、设门亮子和走廊采用高窗等方法解决内廊的采光问题。将厨房和餐厅东西向布置在 L 形平面的右端，减少了对办公区和住宿区的影响，保证满足主要功能。

高速公路单体建筑是每个站区最活跃的要素，而综合楼又是收费站区内的主要建筑物，为了与环境相互协调，综合楼不论外立面效果还是室内功能布置，都应满足使用要求和环境要求，其体量与空间的穿插变化和环境表现均要丰富，要体现高速公路交通建筑的特色。在外观设计上要注重现代与传统的有机结合，创造性吸收地域文化特色，突出建筑的标志性；注重服务性公共建筑的特征，突出建筑的识别性；注重建筑轮廓轻重有致、虚实有序，追求建筑生动愉悦的节奏感。

3.3.2　综合楼的外观设计要求

人们行驶在全封闭的高速公路上时，面对平直的路面，周围连续不断、变化不大的景色容易使人产生单调的感觉，因而昏昏欲睡。有一定间隔的收费站建筑的出现对长途旅行的人来说，无论从视觉上还是从情绪上都起到了一定的调节作用。在设计收费站建筑时，除了要满足功能要求，还要对改善道路的单调性、增强道路的可识别性和可记忆性起到一定的作用；要力求新颖活泼、别具一格；在造型处理上应简洁、大方、明快，与高速公路路体、线形及周围环境相协调；在色彩上要力求鲜艳、明快、醒目，以吸引司乘人员的注意力，从而起到调节神经、缓解疲劳的作用。应力求将收费站作为高速公路的景点来考虑，遵循美学规律，做好造型设计，使高速公路的使用者不仅得到优质服务，而且得到美的享受。

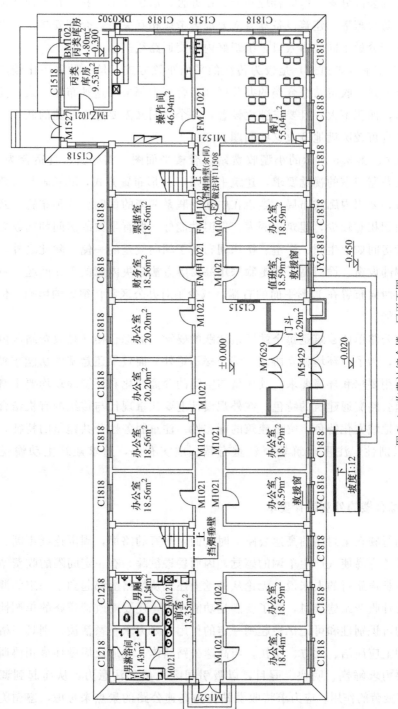

图 3.4 收费站综合楼一层平面图

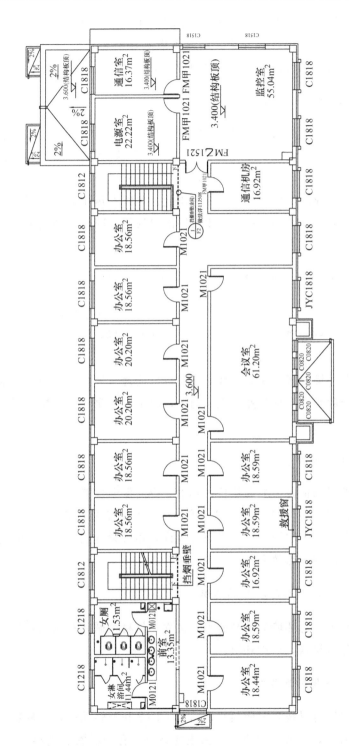

图 3.5　收费站综合楼二层平面图

在综合楼的外观设计中，要避免采用千篇一律的建筑模式，应充分吸收、借鉴、继承当地传统建筑的优良元素，同时考虑到建筑所处环境的特点和功能要求，达到高速公路建筑与传统民族文化的和谐统一。

3.3.3　综合楼的节能设计原则

高速公路收费站地处郊区，周边空旷，热扩散较大。收费站的房屋建筑主要是综合楼，它与城市中的建筑不同，是修建在野外环境中的。由于地域的差异，自然环境各不相同，收费站的建筑节能设计也不一样。

为了降低运营成本，综合楼应利用太阳能，并以电热作补充，围护结构（屋顶、外墙、门窗）采用节能材料，减少管网能量损耗。同时，必须采取一系列的实际措施减少能耗。

1. 充分考虑建筑的自然采光、通风，注重建筑节能

一方面，可利用一定的技术手段，利用太阳能，为建筑提供生活热水；另一方面，必须强调自然通风，因为自然通风不消耗不可再生的能源，且有利于人体的健康。

在进行收费站综合楼的建筑设计时，应尽可能地与气候条件和周围地形地质条件有机地结合起来，实现自然采光与通风，减少人工照明与机械通风，从而减少能量的消耗。

2. 有效地节约能源

外墙采用外保温措施，减弱热桥的影响，提高保温性能。

屋顶采用保温材料，如 EPS、XPS 等；在屋顶设置采光窗，既能满足采光的需要，也可以吸收太阳的能量；如果条件允许，还可设置屋顶花园，既能美化环境，又有很好的保温隔热效果。

3. 树立建筑材料可循环利用的意识

设计时要考虑生态环境的承受能力，树立建筑材料循环利用的意识，避免使用破坏环境的建筑材料，保护环境。

4. 优选绿色环保的建筑材料

近年来，建筑材料技术发展很快，出现了许多新型轻质的隔墙材料，它们中有的以工业废料（如焦渣、炉渣等）为主要原料，有的以农业废料（如木屑等）

为主要原料。这些材料大都可以满足强度、防火、隔声等技术要求，有的还可用于建筑的承重体系。在设计墙体时，可以考虑主要采用以工农业废料制成的新型墙体材料，如水泥空心砖、加气混凝土砌块、绿色轻质隔墙板及其他绿色环保的墙体材料。

5. 合理利用水资源，做好垃圾的处理与回收

一方面，应树立合理用水、节约用水的意识；另一方面，严格控制污水的排放。同时，改造城市给水管网，分质供水，循环利用。所谓分质供水，就是根据使用要求，将优质水和低质水分开供应。经废水处理后的再生水即可作为低质水利用，主要用于冲洗厕所、卫生清扫、道路清洁、绿化等，既解决了水资源不足的问题，又保护了环境。在收费站综合楼的设计中，如果能合理地利用中水，应该能取得一定的效益。

3.3.4　收费站的附属建筑设计

1. 附属建筑的分类及功能

收费站的附属建筑有锅炉房、水泵房、变配电室、车库等。锅炉房、水泵房、车库按常规设计即可。变配电室面积与所处电网端点位置和使用变电设备的体积有关，如与低压电路相接，就不需购置高压柜，如接高压线路，使用体积小的变电设备也可减少房建面积。变配电室应设置备用发电机组。

锅炉房的建筑面积主要取决于锅炉的功率和形式，目前根据环保要求一般采用电锅炉。

污水处理设施可采用埋地式，但应为设备的更新换代做好预留。随着大众环保意识的增强及国家对污水处理管制力度的加强，对各排污点的监督力度也会日益加大，建设部门对此应提高重视程度。

2. 附属建筑的总体设计

为职工生活而设的食堂、锅炉房、浴室等的布置要充分考虑到职工的使用方便，并尽量与周围环境相协调，努力创造一种宁静之感，使职工在工作之余身心能够得到充分的休息。为此，可考虑利用绿化等手段开辟小径，设计一些雕塑小品、假山喷泉等，避开往来车辆的干道，防止人车流线交织、互相干扰。

3.4　收费天棚设计

高速公路收费天棚是建在收费卡门处的建筑设施（构筑物），它的主要功能是保护收费亭、遮阳防雨，并起到醒目的视觉效果。

为保证良好的遮阳避雨效果，收费天棚的跨度一般不小于16m，一般为18～20m，长度应与收费广场保持一致。其高度除要考虑通行净空需要外，还要考虑建筑效果，天棚底净高应不小于5.5m。对于较大的收费广场，应适当增大天棚的宽度和高度，以避免产生压抑感。

从美观的方面，可以说，收费天棚独特的造型及亮丽的色彩会带给旅途中的人们眼前一亮的感觉，并可在设计中通过材料和细节的把握与环境相融。

3.4.1　收费天棚的结构形式

由于收费岛上的立柱会遮挡收费员的视线，所以在两个收费岛之间最多设置一个立柱。为了减少阻挡收费员视线，天棚立柱断面的横向尺寸应小于80cm。从目前建成的天棚形式来看，常见的主要有钢结构（含网架结构）及钢筋混凝土结构天棚，近年来也有采用膜结构的。

1. 钢结构形式

收费天棚采用钢结构时，一般多采用网架结构，如图3.6所示。其优点主要是质量轻、跨度大，可根据需要涂刷各种颜色的涂料，整体结构轻巧，便于预制施工。其缺点是形状比较单一，变化较少。

图 3.6　钢结构收费天棚

2. 钢筋混凝土结构形式

钢筋混凝土结构在收费站天棚中采用较多，其跨度由收费站进出车道数决定。在实际应用中主线收费站天棚多采用有梁或无梁形式（图 3.7）。这种结构形式的天棚可根据需要结合当地地域特点设计出各种造型，但施工、装修较麻烦。

图 3.7　钢筋混凝土结构收费天棚效果图

3. 混合结构形式

将钢筋混凝土结构和钢结构两种形式组合，可做成形式新颖的收费天棚，如斜拉式、悬索式等，如图 3.8～图 3.10 所示。

图 3.8　混合结构收费天棚效果图

图 3.9 曲面网架结构收费天棚效果图

图 3.10 斜拉式收费天棚效果图

3.4.2 收费天棚的设计要求

为了避免影响收费员观察车辆，在保证安全的前提下，收费天棚的立柱在垂直车道方向的断面尺寸应尽量减小。收费天棚屋面排水应为有组织排水，但不能使水落在路面上，以防冬季路面结冰造成事故。设计中还应考虑天棚上站名的安装问题。站名字高一般为 2~3m。靠近大城市的收费站还要考虑在天棚上设置大型广告牌的情况。

对大多数收费天棚使用情况的调查表明，顶面防水和外檐装修是关键的问题。如果采用刚性防水或结构自防水，工艺往往不能过关。因此，天棚最好做成柔性防水。天棚雨水经汇集后应通过专门设置的排水管道汇入道路的排水系统。从天棚立柱流下来的雨水不能直接流向收费岛面或收费车道内，应通过预埋管道流入道路的排水系统。

现有的收费天棚大多做外檐装修，材料有铝塑板、铝板、大理石、花岗岩等。由于每天通过收费卡门的车辆很多，难免会产生振动，所以要求对外檐装修在选材及施工质量上严格把关，避免因装修材料脱落造成意外事故和影响观瞻。

具体的设计要点有：

1) 天棚的设计要满足功能需要，结构形式力求简单，尽可能采用轻型材料，以经济适用美观为设计原则。

2）由于全国不同时期建设的高速公路对收费天棚通行净高要求不同，经常出现在某个收费天棚可顺利通行，到其他收费天棚刮碰顶棚的情况，因此收费天棚的净高设计要留有余地，且应在车辆进入收费站前提前设置测高装置，如果发现车辆超高，即提示车辆从大型车车道通过。

3）加高收费亭下的混凝土基座，在收费亭前设置防撞挡板或防撞柱，防止车辆碰撞收费亭，保护收费亭及工作人员的安全。

4）天棚的设计应尽量突出地方特色。

5）在主线收费站处因车道较多，设计天棚时要与广场的总体布局和广场的总面积相适应。如天棚规模太小，不能与广场的规模相匹配，司乘人员在主线上感受不到主线收费站的气势；规模太大，会使人有突兀之感，且造成浪费。互通式立交的收费天棚分单向和双向车道的情况，在设计时要根据实际情况确定，其规模要与车道数相适应。

3.5　入口称重设计

3.5.1　入口称重设计原则

1）在建高速公路收费站，具备条件的，在入口侧设计专用车道，在收费广场右侧适当位置安装称重检测设施，利用专用车道使违法超限超载货车掉头返回，如图 3.11 所示。

2）高速公路收费站附近有伴行低等级公路的，在收费广场右侧适当位置安装称重检测设施，在其后设置与低等级公路相连的连接车道，引导违法超限超载货车进入低等级公路，如图 3.12 所示。

3）高速公路收费站站区广场面积较小，且五类车型交通量较小，对平面交叉口入口处现有货车车道进行加宽，并在最右侧安装称重检测设施，采用物理隔离方式引导货车驶入后称重检测，对违法超限超载货车在车道内倒出劝返，如图 3.13 所示。

4）高速公路收费站站区广场面积较小，且五类车型交通量较大，在平面交叉口两侧被交线前行右侧分别加宽设置一条检测车道。违法超限车辆禁止进入高速公路，在平交路口直行驶离，正常车辆由收费站入口进入高速公路，如图 3.14 所示。

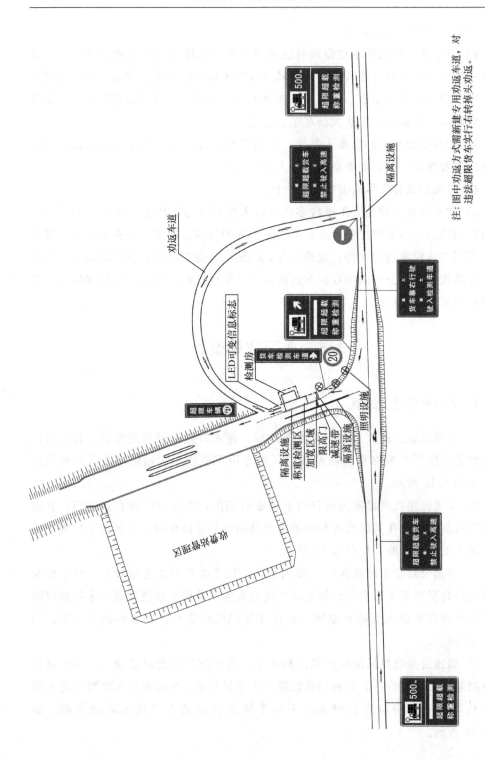

图 3.11　超载货车掉头方案1示意图

注：图中劝返方式需新建专用劝返车道，对违法超限货车实行右转掉头劝返。

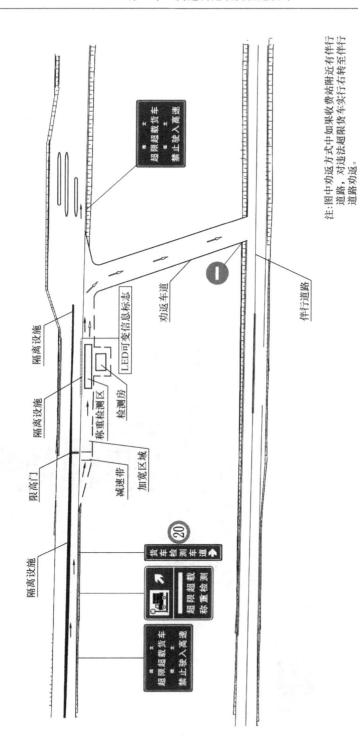

注:图中劝返方式中如果收费站附近有伴行
道路,对违法超限货车驶行右转至伴行
道路劝返。

图 3.12　超载货车掉头方案2示意图

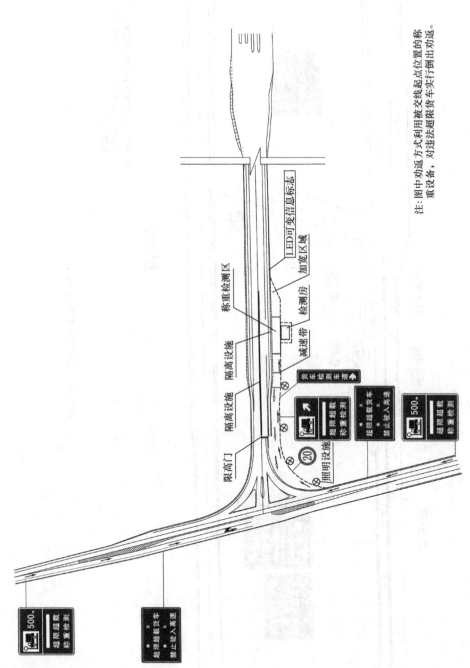

注：图中劝返方式利用被交线交点位置的称重设备，对违法超限货车实行倒出劝返。

图3.13 超载货车车头方案3示意图

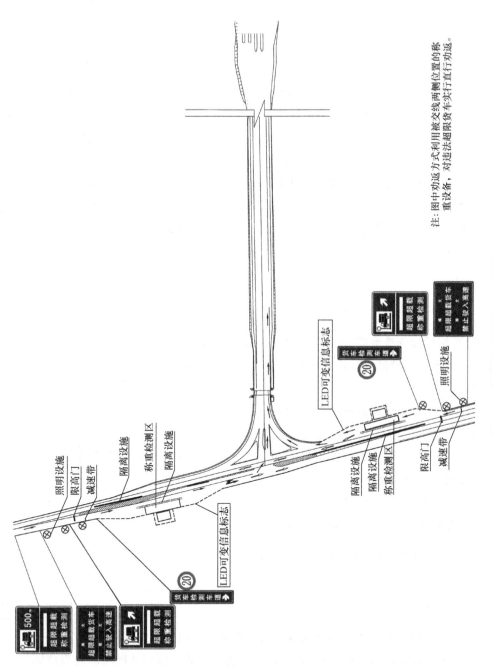

图 3.14　超载货车掉头方案 4 示意图

注：图中功返方式利用被交线两侧位置的称
重设备，对违法超限货车实行直行功返。

5）根据相关意见，尽量不设置超限超载货车在站区广场左转掉头返回的方式，因为对于车道规模较小的收费站，倒车及车辆左转掉头对交通流的干扰较大，存在发生拥堵和交通事故的风险。可结合征地拆迁条件，在收费站入口右侧设置一个专用掉头区域，引导超限车辆90°倒车进入掉头区域，等待车流量减小时，再通过人工引导完成第二个90°的左转弯后驶离高速公路，如图3.15所示。

6）在收费站入口加宽车道，设置简易检测设施，对货运车辆进行检测，如有违法超限车辆则收费站不予放行，由专人引导其倒车驶离，如图3.16所示。此方案需在收费站广场前设置完善的固定式诱导标志、渠化标线、减速设施、限高设施等，结合人工引导使所有货车进入检测车道。

7）新疆封闭式高速公路的主线收费站普遍存在交通量偏大的特点，一些收费站的建设涉及耕地、林地、建筑物等，拆迁难度大，主线站设置专用右转劝返车道的难度较大，此时可先进行高速初检，然后对疑似超限车辆进行复检，允许其进入高速公路，配合管理手段要求其在下一个立交出口驶离高速公路，如图3.17所示。

3.5.2　入口称重房建设施设计原则

1）房建设施选址需充分考虑地形、地质、占用土地、拆迁量等因素，尽量设置在地质条件较好、拆迁量小的路段，尽量占用荒地、山地，避免位于高填深挖路段。

2）房建设施应设置在视野开阔、道路线形平直的路段，尽量避开线形不好的路段。

3）按照入口称重工程相关规定和以往的设计经验，结合机电专业需求，确定房建配套相应设施。

4）开放式入口根据现场条件设置无人值守劝返站，场区照明宜采用中杆灯，以满足车辆通行安全及车辆信息抓拍的需求。

3.5.3　入口称重房建设施设计参数示例

1. 建筑设计

1）设计内容包括入口称重大棚、站房围墙、大门、站房混凝土场坪、站房。

2）铁艺围墙高2.4m，内外均贴浅黄色仿石面砖，围墙基础埋深为当地冻土深度。围墙上部均做刺丝滚笼，满足项目所在地安防相关要求。

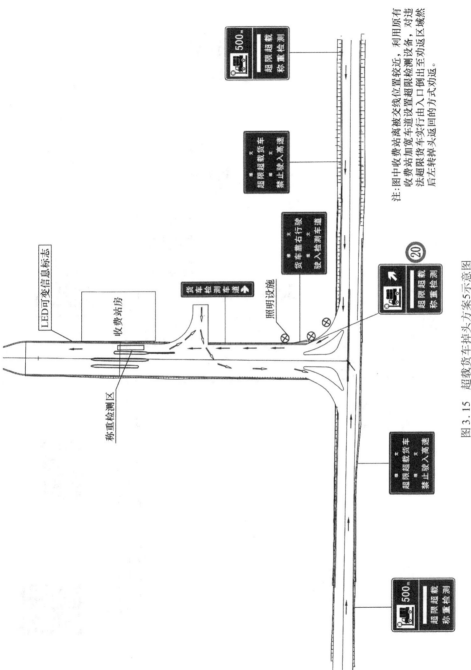

注：图中收费站离被交线位置较近，利用原有收费站加宽车道设置超限检测设备，对违法超限货车实行由出入口倒出至功返区域然后左转掉头返回的方式功返。

图 3.15　超载货车掉头方案5示意图

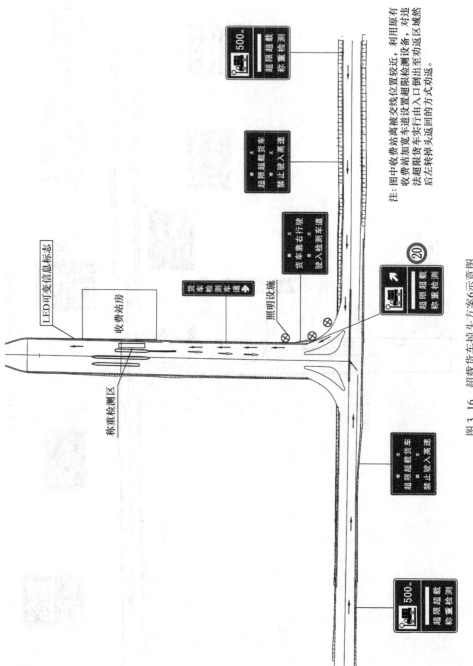

图 3.16　超载货车掉头车道方案 6 示意图

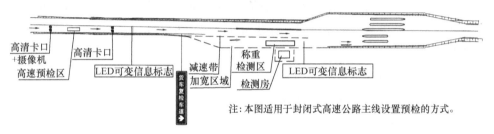

注:本图适用于封闭式高速公路主线设置预检的方式。

图 3.17　超载货车掉头方案 7 示意图

3) 入口称重大棚结构形式为钢框架结构，结构安全等级为二级，净高 6.5m。

4) 站房结构形式为框架结构（固定彩钢板），地上一层，建筑高度为 4.75m。

2. 结构设计

1) 拟建场区的地震烈度、风压、雪压参考公路沿线地勘情况及《建筑结构荷载规范》GB 50009—2012 中全国各城市的雪压和风压值确定。

2) 环境类别根据《混凝土结构设计规范》GB 50010—2010（2015 年版）确定。室内混凝土结构环境类别为一类，室外构件混凝土结构环境类别为二（b）类。

3) 场地土层最大冻土深度参考公路沿线地勘情况确定。

3. 给排水设计

（1）给水系统设计

1) 设计范围。包括工程各场区内室外生活给水、生活污水的设计。

2) 水源。水源由外水提供，水质应满足《生活饮用水卫生标准》GB 5749—2006 中各项指标的要求。当水质不达标时应进行处理，处理后的水应满足《生活饮用水卫生标准》GB 5749—2006 中各项指标的要求，并报当地供水行政主管部门和卫生防疫部门备案。给水处理工艺由业主委托专业厂家根据原水和出水的水质差异确定，并进行深化设计、安装、调试、维护。水源水接入生活水箱，采用变频调速恒压供水方式。

3) 给水系统。场区内设有生活水箱及变频给水设备，以提供站内生活用水。生活用水管网采用枝状供水系统。

4) 房建场区用水量估算（表 3.3）。

表 3.3　场区用水量统计　　　　　　　　　　　　　单位：m³/天

项目名称	绿化用水量	生活用水量	合计
房建场区	0	0.15	0.15

5) 消防设计。消防设计包括消防给水系统和灭火器设计。当项目体量较小时可不设消火栓系统。如某项目单体建筑面积约为 61.56m²，单层，此时可不设消火栓系统。

例如，某工程场所火灾危险等级为中危险级，火灾种类为 A 类，灭火器类型为磷酸铵盐手提式干粉灭火器 MF/ABC4（2A，55B），保护半径为 20m。

（2）室外排水设计

1) 排水。场区内的排水采用分流制，生活污、废水经排水管网排到场区内的化粪池，并定期清理。

2) 生活污水量。按日生活用水量（不含浇洒道路、场区用水和绿化用水）的 80％ 考虑。

3) 管材与接口。室外生活给水管采用埋地聚乙烯（PE）塑料管，热熔连接或法兰连接；消防给水管采用钢丝网骨架塑料复合管，沟槽连接件连接或法兰连接；生活污水管、雨水管采用排水 HDPE 双壁波纹管，管道接口采用配备的橡胶圈接口。

4. 暖通设计

1) 设计范围包括房建场区供暖设计、通风系统及排烟设计、节能设计。

2) 室外设计参数。各站点计算用气象参数按各站点所处地区的资料选用。

3) 室内设计参数。电暖气供暖：办公室 20℃，发电机房、储油间 10℃。空调供暖：监控室 20℃。

4) 供暖设计。某项目地处严寒地区，无集中供暖接入条件。根据项目的环境影响报告中提出的要求，鼓励各用热单位采用清洁能源。因房间面积较小，故综合考虑该项目以电为热源，用带温控装置的电暖气实现冬季供热。

5) 通风设计。发电机房设置双速风机进行平时通风与事故通风，其他房间采用自然通风。

表 3.4　通风设计

房间名称	换气次数/(次/h)	备注
发电机房	4（平时）/12（事故排风）	机械进风/机械排风
卫生间	10	自然补风/机械排风

5. 电气设计

1) 电源。开放式入口称重场区站点独立设置 10kV 高压引入专用箱式变电站，再由箱式变电站接 380V 电源引入单体建筑。备用电源采用柴油发电机，并设置于发电机房内。

2）配电系统。

① 负荷等级：监控系统、通信系统、应急照明系统为一级负荷；其他设施为三级负荷。

② 供电电源及电压等级：某工程采用 380V 电源供电，交联聚氯乙烯电缆。

③ 负荷计算：0.4kV 母线工作容量为照明、动力等系统负荷总和。

④ 低压配电系统：低压断路器要求运行分断能力在 20kA 以上。

⑤ 计量方式：采用高供低计方式。

⑥ 配电线路敷设：采用电缆穿钢管直埋。

3）照明系统。

① 光源：一般场所为节能荧光灯或节能型点光源，室外照明采用风光互补路灯或中杆灯，光源选用 LED 或长寿命高压钠灯，室外灯具防护等级不低于 IP65。

② 照明配电系统：室外中杆灯照明线路均采用 YJV-4×16 穿管埋地敷设，室外灯具采用就地重复接地，照明控制采用自动及手动集中统一控制。

4）主要设备选型及安装。低压配电柜依据型号进行设计，落地式安装。进线采用 YJV 型电缆，出线均为下进线下出线。

5）防雷保护、安全措施及接地系统。

① 安全措施：某工程低压配电系统接地形式采用 TN-C-S 系统。

② 接地系统：强弱电共用联合接地装置，要求接地电阻小于 1Ω。机电系统的接地利用单体建筑统一的接地装置。

③ 防雷系统：施工图设计阶段根据每个单体工程的防雷设计计算确定防雷等级。

3.6　地下通道设计

收费站地下通道是工作人员及设备安全通行的主要通道，是收费站进行正常收费运营工作的重要组成部分。地下通道由主通道、主出入口和收费岛出入口构成。

3.6.1　地下通道的作用及相关规定

收费站地下通道是目前我国高速公路收费站主要采用的通道形式，其宽度一般为 2～2.5m，高度为 2～3m，除了人员通行外，也是通信信号、现金传送系统、电力管道、给排水和消防管道等共用的过路通道。其优点主要有：

1）保证工作人员过路安全。

2）设备维修、检修方便，保证检修人员的安全。

3）可直接连通到管理站区内或综合楼内部，保证收费站现金安全。

4）与多种管道共用通道，节约空间和造价。

《高速公路交通工程及沿线设施设计通用规范》JTG D80—2006 第 7.4.6 条（4）款要求：收费车道数大于或等于 8 条时，应设置地下专用通道（兼电缆通道）。每一个收费岛设一处阶梯，确保往来监控楼和收费亭的站内工作人员的安全。收费车道较少或不适宜设地下专用通道时，为了保证收费广场设施的电力供应和通信、监控系统连接，应设电缆沟或电缆管道，有条件的收费广场可修建半通行式地下电缆沟。有的收费站要求提供消防或者清洗用水，此时还应考虑设置供水管道。

设置地下通道是在保障人员与财产安全的情况下完成收费功能的重要措施。根据对规范的理解及通道设置的目的，在设计中可根据实际情况设置地下通道。例如，在收费站所在地存在人员遭受袭击的风险时，即使收费车道数小于 8 条，也应设置地下通道。

3.6.2　地下通道设计内容

地下通道设计要考虑人行便捷性、经济适用性等原则，具体设计时应考虑地下通道的总体布置、结构选型、断面尺寸、防水设计、通风设计、采暖设计等多项内容。结合荒漠区的实际情况，地下通道设计应重点考虑以下内容：

1）地下通道的总体布置以工作人员步行距离最短为宜，如无特殊情况应采用直线布置，不宜拐弯。考虑风沙、雨雪、安全等因素，地下通道出入口可设在监控楼和收费亭内，尽量不要设置在收费岛、场区内的其他室外环境。地下通道的另一端通常应延伸至外侧路基边缘处封堵。如两省交界处的高速公路收费区相对设置，可共用一条地下通道，此时地下通道应两端贯通。

2）结构类型可分为装配式和整体式两种，如图 3.18、图 3.19 所示。考虑地下通道施工时周围环境复杂、工期短、工序多、各专业交叉多，结构类型采用装配式更佳。地道盖板及侧墙采用钢筋混凝土构件，以确保结构安全稳定，施工方便快捷。

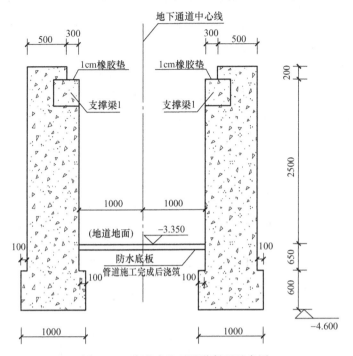

图 3.18　装配式地下通道断面示意图

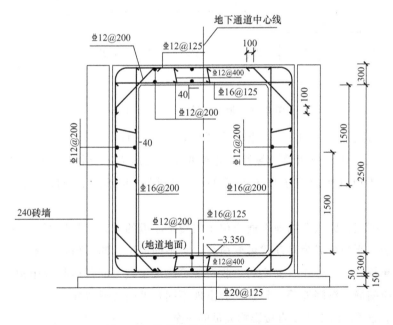

图 3.19　整体式地下通道断面示意图

　　3）地道收费岛出入口布置在收费亭的后部，即收费员出入收费亭的一端，方便收费员出入收费亭和上下主通道。收费岛宽度有2.2m、2.7m两种选择。地道净高2.5m，净宽2.0m，覆土0.65m。地道空间有限，上人采用钢爬梯，爬梯坡度要求小于45°。台阶设计要考虑调节踏步高和踏步宽，既要避免出入口与收费天棚立柱相冲突，又不能使台阶过陡造成收费员攀爬困难。根据建筑规范要求，应在收费岛出入口边设置栏杆，沿台阶在墙壁上设置扶手，如图3.20所示。

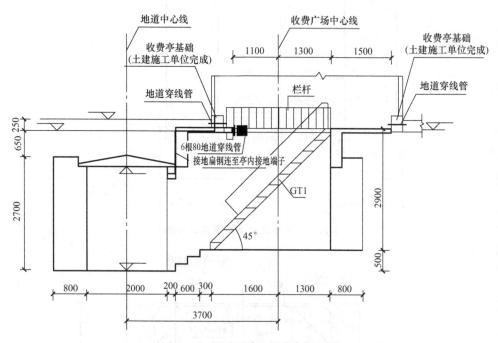

图3.20　地下通道上收费亭剖面图

　　4）高速公路收费广场填土较主线低，广场路面更接近原地面，因此许多收费广场地下通道长期受到各种环境水的侵蚀与压力渗透作用，普遍存在渗漏水问题，不但直接影响了地下通道的正常使用，也降低了强度，缩短了使用年限。

　　由于高速公路收费站地下通道位于收费站车道的下方，其顶面及墙壁的受力情况复杂，所受荷载为移动式可变荷载，且不同部位、同一部位的不同时间段的荷载差异较大，另外还有安全岛、收费亭等建造于其上的营运收费用构筑物，以及存在伸缩缝、沉降缝等，导致其会出现不同程度的渗漏情况。

　　地下通道渗漏水不仅直接影响人员的安全，还会降低照明系统的工作效率，诱发设施的锈蚀，影响结构的耐久性，因此防水设计是地下通道设计中的重要内容。

1）沉降缝处理。为防止两侧结构沉降不一致，导致变形缝处止水带损坏造成渗漏，可采取底板设置榫槽或地梁的方式。

2）变形缝处理。变形缝应设置一道中埋式橡胶止水带，重要工程及地下水特别丰富的地区应加设一道外贴式橡胶止水带。顶、底板中埋式止水带应成盆状安装，止水带宜采用专用钢筋套或扁钢固定。

3）入口阻水设施。地下通道出入口要设置阻水设施，防止地面的水倒灌入地道内。一般设计为混凝土台阶，有时也可设计成斜坡形式。

4）排水设计。根据通道坡度在适当位置设置集水井并配置水泵，一旦出现漏水或倒灌时可尽快将积水抽出，排除安全隐患，不影响设备使用。

3.6.3　设计建议

地下通道设计需要多个专业配合，每个环节稍有差错就会造成整体的失误。例如，有一处收费亭内静电地板未按照技术规范所要求的方式铺设，而是直接集成在收费亭下，所有静电地板在施工后均高于设计要求 0.22m，造成钢爬梯无法到达收费亭地面。笔者结合多年的设计经验对地下通道的设计提出以下建议：

1）设计需随时反馈，及时修改，留有富余量，这样即使某个专业产生了误差，仍有调整的空间，也为特殊情况留有余地。

2）建议通道在收费广场部分的施工统一由主体单位进行（多家单位施工易衔接不好），以最大限度地避免出现错误。不同专业、不同部门之间的进度衔接容易出现问题，需做好协调和沟通。踏步可放在最后施工。

3）做好技术接口控制（包括外部接口）。项目各承担部门应及时填写互提资料单，确保互提资料完整、准确，并使其得到有效的验证。另外，项目负责人还需依据互提资料的情况及时召开技术协调会，研究如何准确利用互提资料。

4）收费站地下通道周围环境通常较为复杂，设计中不仅要综合考虑建筑、结构、给排水及施工等多方面的影响，还要与机电、公路主线等多专业衔接；既要满足便捷性、协调性、经济适用性、结构安全性、耐久性、施工的便利性，还需满足收费功能，与路线可靠衔接（标高、尺寸等），是一个多专业协同的综合性工程，需统筹考虑。

3.7　收费设施设计实例

3.7.1　头屯河收费站

1. 工程概况

乌（乌鲁木齐）奎（奎屯）高速是新疆公路建设史上第一条真正意义上的高速公路。乌奎高速公路地处天山北坡经济带，是新疆政治、经济、文化最发达的黄金走廊，乌鲁木齐、石河子、奎屯三个经济技术开发区分布在这条高速公路的两侧。路线全长 216.2km，是 G30 连霍高速主干线的重要路段，对改善新疆北部地区的投资环境、促进沿线经济腾飞、加快我国西部地区的开放、全方位发展新疆经济起到十分重要的作用。从建成通车至 2015 年，这条高速公路已运营近16 年，成为疆内最繁忙的高速公路。随着乌奎高速运营年限逐渐接近设计年限，道路整体状况逐年恶化。随着社会经济的发展、人民生活水平的提高，该路线上交通量逐年增加，道路容错空间减小，服务水平显著下降，急需进行扩建。2015年新疆维吾尔自治区交通运输厅按照已经批复的国家公路网规划及交通运输部的部署，向国家发展和改革委员会上报乌奎高速公路改扩建项目计划。该项目于2016 年动工，2020 年完成，由原来的四车道改为八车道，可适应将各种车辆折合成小客车的年平均日交通量 6 万～10 万辆，比原来的通行能力提高一倍，成为新疆通行能力最大的高速公路。

头屯河收费站位于乌奎高速乌鲁木齐市头屯河区三坪农场段路线北侧，中心桩号 XK3629＋631，原收费站占地面积为 16 187.5m²，车道数为 18 个，是新疆最大的收费站，主要建筑有以下几个：

1）原收费站综合楼，砖混结构，地上两层，建筑高度 9m，建筑面积2011.5m²，主要供收费站员工办公、就餐、住宿及日常生活使用。

2）原收费站锅炉房，砖混结构，地上一层，建筑高度 4.8m，建筑面积108.76m²，主要功能是为收费站供暖。

3）原收费站配电室，砖混结构，地上一层，建筑高度 3.9m，建筑面积53.35m²，主要功能是为收费站供电。

4）原收费站水泵房，砖混结构，地上一层，建筑高度 3.6m，建筑面积59.8m²，主要功能是为收费站供水。

5）原收费站天棚，钢网架结构，地上一层，建筑高度 13.3m。

6）原收费站地下通道，钢筋混凝土结构，地下一层，建筑高度－3.35m，主要供收费站工作人员从收费站场区出入收费亭。

由于乌奎高速公路进行改扩建，该收费站也相应进行了改扩建。本次改扩建工程保留了原有收费站场区，并适当扩大。由于收费车道数增加，为减少收费广场对收费站场区的影响，收费广场主要向道路南侧扩展，如图 3.21 所示。

本次改扩建工程对原有建筑的外墙、屋面、雨棚进行了节能改造，对内墙、顶棚、吊顶等部位进行了翻新改造。扩建后总用地面积为 15 496m²，设计车道数为 9 进 21 出共 30 车道，扩建后收费广场占地面积为 2029.5m²，新增用地 1338m²，新建建筑面积 3025.51m²，新增绿地面积 2450m²，新增场地内混凝土地坪面积 1290m²。新增的单体建筑有以下几个：

1）新建收费站综合楼，框架结构，地上四层，建筑高度 15.3m，建筑面积 3011.91m²，主要供收费站员工办公、就餐、住宿及日常生活使用，如图 3.22～图 3.28 所示。

2）新建收费站深井泵房，砖混结构，地上一层，建筑高度 3.9m，建筑面积 13.6m²，内设深井一口，主要功能是为收费站供水。

3）新建收费站天棚（与原收费站天棚贴建），钢网架结构，地上一层，建筑高度 8.4m。

4）新建收费站地下通道（与原收费站地下通道连接），钢筋混凝土结构，地下一层，建筑高度－3.35m，主要供收费站工作人员从收费站场区出入收费亭。

综合楼一层主要设置值班室、办公室、财务室、票据室、电源室、餐厅、厨房、储藏室、休息室、卫生间、淋浴间。因厨房和餐厅需搬运食材、物资，设于首层较为便利。电源室设有 UPS 电源设备，荷载较大，设于首层有利于结构计算及降低造价。

综合楼二至四层分别设置办公室、休息室、卫生间、淋浴间、会议室、活动室等，并将监控室设于顶层视野较开阔的位置，便于随时观察收费广场的情况。

头屯河收费站原收费天棚于 2000 年建成并投入使用，为钢网架结构，长 104.6m，宽 14m，最高点高 13.3m，原有 18 个收费车道，车道净高 5.7m，共有 12 根钢立柱，钢立柱基础为钢筋混凝土基础，设计使用年限为 50 年。新设计的收费天棚也采用钢网架结构，长 167.7m，宽 21.2m，高 8.4m，有 9 进 21 出共 30 车道，车道净高 6m，共 20 根钢立柱，钢立柱基础为钢筋混凝土基础，设计使用年限为 50 年。

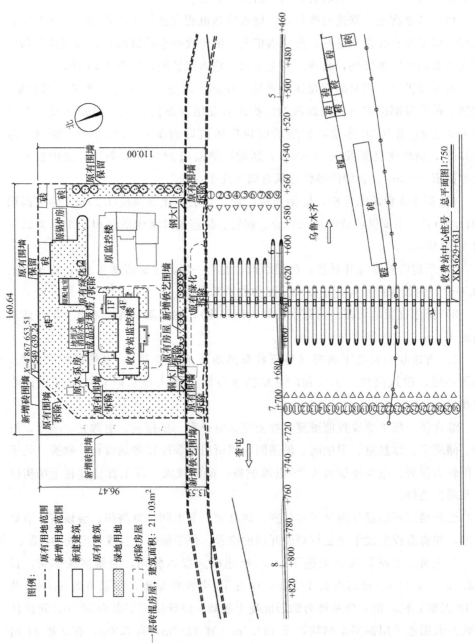

图 3.21　扩建后的头屯河收费站总平面图（单位：m）

图 3.22　新建综合楼效果图

原设计方案为拆除原有收费天棚,新建收费天棚。为保持现有收费站的通行能力,避免车辆拥堵,如采用该方案,还需进行导改,分阶段施工,收费模式调整次数较多,边收费边施工操作难度大,安全隐患多,涉及部门多,且施工总体控制难度大。为了保证施工人员及通行车辆的安全,降低安全隐患,工程指挥部提出保留利用原有收费天棚的方案。经过现场查勘,认为原收费天棚钢柱基础外观良好,钢立柱外观完好,网架结构基本满足使用要求,仅装饰装修老化,可对其进行改造利用。保留利用原收费天棚的施工方案既节约资源,保护环境,又能减少施工工序及安全隐患,有利于收费站的运营及社会车辆通行。

收费站改扩建设计需要多个专业、多个部门配合,需结合原有地形及原有建筑综合考虑。设计中须注意以下几个方面:

1) 用地范围。由于道路改扩建后宽度增加,收费广场也相应拓宽,需注意收费广场尽量向无建筑物的一侧拓宽,不侵占原有收费站场区,保证原有建筑与收费广场之间的安全距离。收费站场区用地的增加也需结合原有用地及保留建筑综合考虑,便于场区合理规划各功能分区。

2) 设计高程。由于道路扩建,需根据需要调整收费广场原有的坡度及高程,设计时根据新的道路设计标高调整场区出入口标高及坡度,保证车辆出入方便,无安全隐患。场地高程调整还需结合原有建筑的高程,避免室外场坪过高或过低,造成原有建筑出入不便。

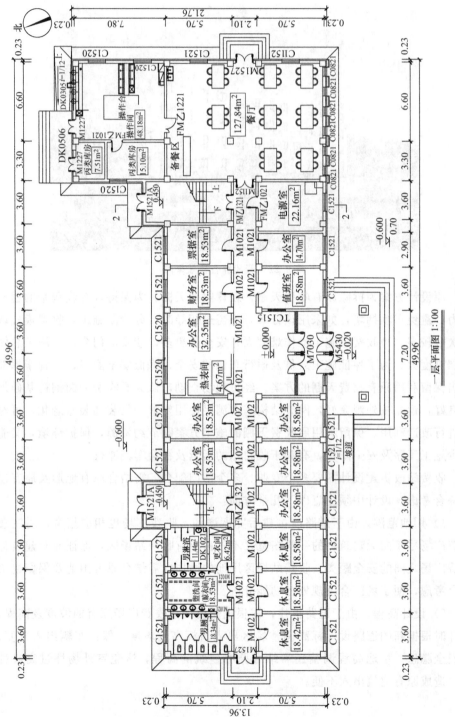

一层平面图 1:100

图 3.23　综合楼一层平面图（单位：m）

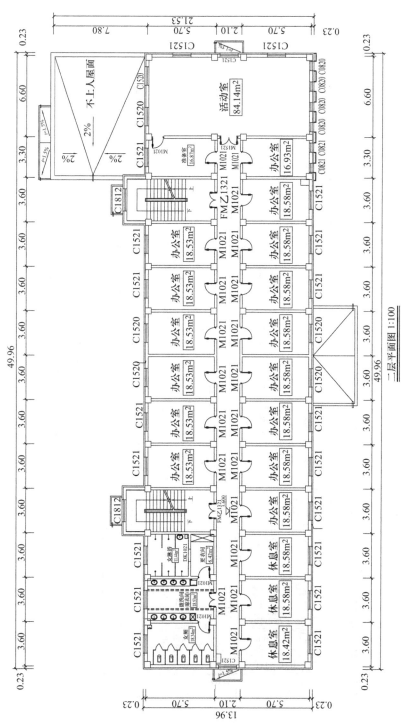

图 3.24　综合楼二层平面图（单位：m）

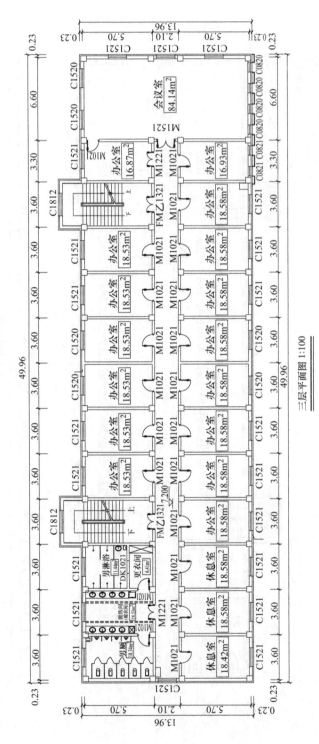

三层平面图 1:100

图 3.25　综合楼三层平面图（单位：m）

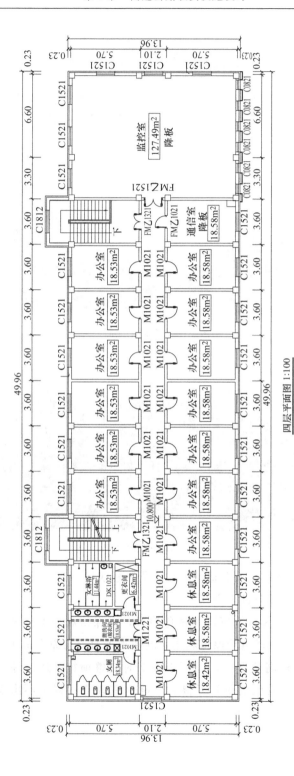

图 3.26　综合楼四层平面图（单位：m）

图 3.27　综合楼正立面

图 3.28　综合楼背立面

3）统一风格。建筑立面及造型需结合周围建筑风格及环境，保证风格统一，与周围环境相协调，不应过于突兀。

4）保留与利用。为节约资源，避免浪费，可保留利用部分原有建筑，如本项目中收费天棚及地下通道均保留利用，新建地下通道与原有地下通道相连。需注意原有地下通道标高位置等，以便于施工时完整衔接。还应注意电气、给排水、供暖等原有附属设施的位置及高程，确保在改造过程中不出现无法衔接的问题。

3.7.2　呼图壁收费站

连霍（连云港—霍尔果斯）高速公路（G30）新疆境内乌鲁木齐至奎屯段改扩建工程，线路东起乌鲁木齐西山互通式立交桥，经乌鲁木齐、昌吉、呼图壁、玛纳斯、石河子、沙湾、奎屯，终点在奎屯河西岸，与已建连霍高速公路（G30）乌苏至赛里木湖段起点顺接，路线全长 242km。呼图壁匝道收费站位于路线北侧，中心桩号为 EK0＋325，设计车道数为 4 进 7 出，总占地面积 6000m²，总建筑面积 2670.76m²，绿地面积 1941.87m²，场区内混凝土地坪面积 2867.58m²。

呼图壁收费站综合楼占地面积 794.98m²，总建筑面积 2240.46m²，采用框架结构，地上三层，建筑高度 14.8m，耐火等级为二级，屋面防水等级为 I 级，设计使用年限为 50 年。呼图壁收费站综合楼效果图如图 3.29 所示，一至三层平面图如图 3.30～图 3.32 所示。

图 3.29　呼图壁收费站综合楼效果图

综合楼一层主要设置值班室、办公室、财务室、票据室、餐厅、厨房、储藏室、休息室、卫生间等。因厨房和餐厅需搬运食材、物资，设于首层较为便利。

二层主要设置男职工休息室、活动室、会议室、男卫生间、男淋浴间等。将男女休息室分层设置，便于保护个人隐私。

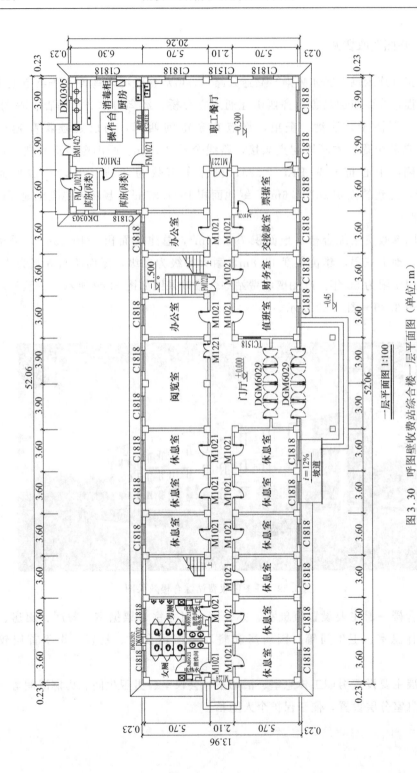

图 3.30 呼图壁收费站综合楼一层平面图（单位：m）

一层平面图 1:100

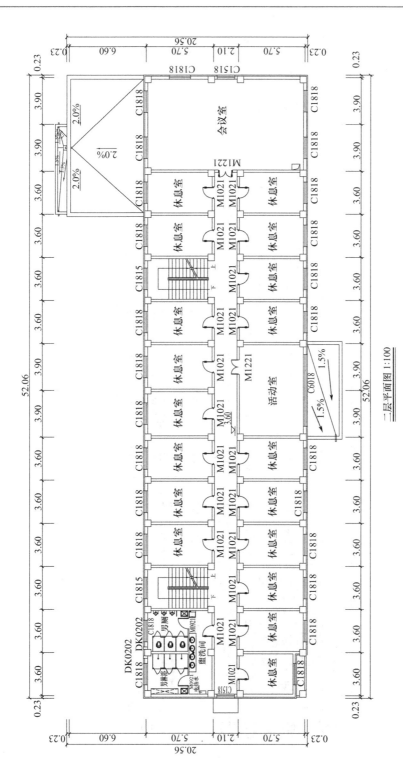

图 3.31　呼图壁收费站综合楼二层平面图（单位：m）

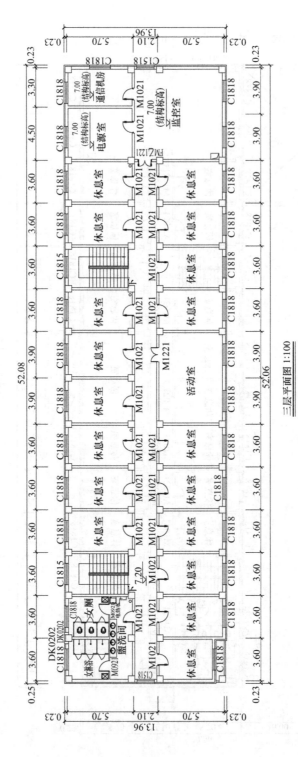

三层平面图 1:100

图 3.32 呼图壁收费站综合楼三层平面图（单位：m）

三层主要设置女职工休息室、活动室、女卫生间、女淋浴间等，并将电源室、通信机房、监控室集中设于顶层视野较开阔的位置，便于随时观察收费广场的情况。

呼图壁收费站收费天棚设 4 进 7 出共 11 车道，收费天棚投影面积为 1452.2m²，采用螺栓球节点网架结构，建筑高度为 9m，底部净空 5.7m，耐火等级为二级，屋面采用双层压型钢板屋面，防水等级为 I 级，设计使用年限为 50 年，如图 3.33、图 3.34 所示。

呼图壁收费站车库及配电室为收费站附属用房，地上一层，建筑面积 246.77m²，建筑高度 5.70m，采用框架结构，耐火等级为二级，屋面防水等级为 I 级，设计使用年限为 50 年，如图 3.35 所示。

呼图壁收费站锅炉房及水泵房为收费站附属用房，地下一层，地上一层，总建筑面积 183.53m²，其中地下建筑面积 72.82m²，地上建筑面积 110.71m²，建筑高度 4.75m，采用框架结构，耐火等级地下为一级，地上为二级，屋面防水等级为 I 级，设计使用年限为 50 年，如图 3.36 所示。

3.7.3　其他收费站设计实例

阿苇滩收费站综合楼占地面积 689.04m²，总建筑面积 1631.80m²，采用框架结构，地上三层，建筑高度 11.70m，耐火等级为二级，屋面防水等级为 I 级，设计使用年限为 50 年（图 3.37）。

石河子收费站综合楼占地面积 988.02m²，总建筑面积 2761.83m²，地下建筑面积 106.19m²，地上建筑面积 2655.64m²，采用框架结构，地上三层，局部地下一层，建筑高度 12.15m，耐火等级为二级，屋面防水等级为 I 级，设计使用年限为 50 年（图 3.38）。

乌兰乌苏收费站综合楼占地面积 680.12m²，总建筑面积 2000.09m²，其中地下建筑面积 102.43m²，地上建筑面积 1897.66m²，采用框架结构，地上三层，局部地下一层，建筑高度 11.55m，耐火等级为二级，屋面防水等级为 I 级，设计使用年限为 50 年（图 3.39）。

安集海收费站综合楼占地面积 625.26m²，总建筑面积 1704.80m²，采用框架结构，地上三层，建筑高度 12.25m，耐火等级为二级，屋面防水等级为 I 级，设计使用年限为 50 年（图 3.40）。

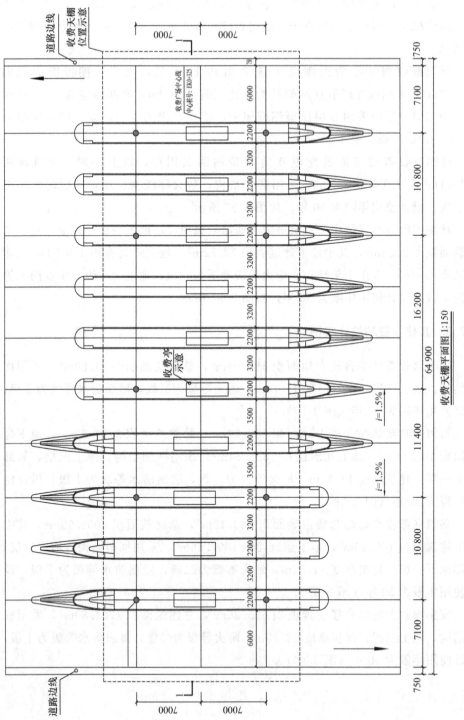

收费天棚平面图 1:150

图3.33　呼图壁收费站收费天棚平面图

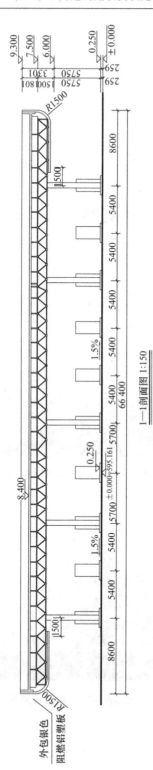

1—1剖面图 1:150

图 3.34　呼图壁收费站收费天棚剖面图

图 3.35　呼图壁收费站车库及配电室效果图

图 3.36　呼图壁收费站锅炉房及水泵房效果图

图 3.37　阿苇滩收费站综合楼效果图

图 3.38　石河子收费站综合楼效果图

图 3.39　乌兰乌苏收费站综合楼效果图

图 3.40　安集海收费站综合楼效果图

第4章 高速公路管理设施设计

4.1 高速公路管理设施概述

4.1.1 管理设施的定义及功能

管理设施是指为高速公路的正常运行提供管理、收费、监控等功能的房屋建筑及配套设施。

公路管理中心一般分为省管理中心、地区管理中心（分中心）和路段管理中心。省管理中心对全省（直辖市、自治区）范围内公路的监控通信、收费和养护等进行综合管理，地区管理中心对某一区域公路的监控通信、收费和养护等进行集中管理，路段管理中心则经政府授权对独立投资建设和运营的路段进行经营管理。由于我国公路建设投资主体日益多元化，政府部门按路段授权社会投资机构建设高速公路的项目越来越多，配置的路段管理中心也越来越多。

实际工作中，省管理中心和地区管理中心确需建设时，经主管部门批准，其用地根据实际需要专项报批。

4.1.2 管理设施设计的相关规定

1. 选址

1）管理机构的房屋建筑选址应注意主线的走向及周围地势，应考虑生态环境保护的问题，坚持可持续发展、节约能源的原则，确定合理的规划布局。

2）管理机构的房屋建筑的选址应考虑场地的水文地质状况，注意与周围自然及人文环境相协调。

3）管理机构的房屋建筑的选址应符合下列规定：

① 应避免噪声和各种污染源的影响，并应符合有关卫生防护标准的规定。

② 应充分考虑高速公路的收费管理和周边环境安全的需要。

③ 应充分考虑与沿线道路及管理区方便联系。征地宜成梯形，不宜成狭长条形，同时应尽可能有较完备的供水、供电及对外交通条件等市政配套设施。

4）选址应尽量避免大量挖填方区，以减少挖方、填方的土方量，并优化雨污水排放管线的布置。

2.建设规模及注意事项

1）管理机构的房屋建筑的建设规模应根据高速公路的总体设计、交通量、交通环境、管理机构布局及当地的建筑、人文、景观确定。

2）管理机构的房屋建筑的规模按预测的路线第 20 年的交通量确定。

3）监控通信设施一般分为省监控通信中心、路段监控通信分中心、路段监控通信站和桥隧监控通信站。

4）省监控通信中心一般每省（自治区、直辖市）设一处，宜与省管理中心合并设置，其用地面积根据主管部门批准的设计方案计算确定。

5）公路路段监控通信分中心、路段监控通信站和桥隧监控通信站应根据项目实际需要设置，其用地指标不宜超过表 4.1 的规定。

表 4.1　监控通信设施用地指标　　　　　　单位：hm²/处

路段监控通信分中心	路段监控通信站	桥隧监控通信站
1.7333	0.8667	0.5333

6）公路路段监控通信分中心宜与相关管理设施合并建设。在有条件时可将多个项目的路段监控通信分中心合并建设。

7）桥隧监控通信站可多座桥梁或隧道合并设置，或与路段监控通信站合并设置。

8）监控通信中心与监控通信分中心除设置管理办公楼外，还应根据实际情况设置锅炉房、变配电室、水泵房、传达室、宿舍、食堂、浴室、文体活动用房、车库等。

9）监控通信分中心可同收费站合并建设，并充分考虑各功能部分的合并利用。

① 各级通信中心为有人通信站；收费站、服务区所设的通信站为无人通信站。

② 有人通信站除设置通信机械室外，应根据实际需要配置值班室、休息室及文件资料室等辅助房屋。

4.1.3　管理设施的平面布局

管理设施在选址之后通常要进行平面设计，包括确定监控楼、食堂、宿舍、附属用房、停车场及园林绿化等设施的平面位置和尺寸等，要达到以下几个方面的目标：

1）通过建筑实体的合理布置，满足场区内人员办公、生活、活动的需要。

2）通过对场区内各部分的合理设计，有效保护环境，避免用地浪费。

3）通过区域内各空间的建立，建筑与环境更加和谐，既保证管理工作的正常进行，又使生活交往、休憩活动得以合理安排。

4.2　管理设施的总体规划

4.2.1　总体布局

管理用房和设施按功能分为五部分：

1）管理功能，包括监控室、通信室、机房、办公室、会议室、票据管理室、财务室、资料室等。

2）住宿功能，包括宿舍、管理室、公共厕所、盥洗室、洗衣房、晾衣房等。

3）餐饮功能，包括餐厅、厨房、杂物间等。

4）活动功能，包括文娱活动室、图书室、室外活动场所、休息场所等。

5）附属功能，包括发电机房、配电室、水泵房、车库、值班室、污水处理设施、垃圾处理设施等。

4.2.2　总图布置

总平面设计应符合下列规定：

1）合理利用地形，布局紧凑，节约用地，并留有发展余地。

2）功能分区明确，划分为办公区、生活区、后勤服务区和活动、休息区。

3）进出口宜设置在场地的两端，且位于道路一侧。

4）场地内应设环形车道及必要的人行通道。

5）运动场地不宜靠近宿舍；变配电室应远离宿舍楼。

6）管理、住宿及餐饮三个功能区域宜用连廊连接。

7）当场区周边有居民用房，应在场区周围设置绿化带，并按照日照间距考虑退让。

管理楼应位于场区内的主要位置，宜面对道路，与道路之间不应设置其他建筑物。

若包括路政及交警用房，总平面设计中应将管理用房与路政、交警用房分开，宜各自设置单独的出入口。

当管理楼与其他建筑合建时，应满足管理楼的使用要求和环境要求，功能分区明确，宜设置单独的出入口。

员工宿舍的布置应符合下列规定：

1) 员工宿舍应接近生活服务设施，如餐厅、文娱活动室等。

2) 员工宿舍附近应有小型活动场地、集中的绿地及室外晒衣设施。

3) 员工宿舍建筑的房屋间距应满足国家标准中有关消防及日照的要求。

总平面布置应进行环境和绿化设计，绿地覆盖率不宜小于 35%。绿化与建筑物、构筑物、道路和管线之间的距离应符合有关标准的规定。

4.3　管理中心设计

4.3.1　管理中心简述

高速公路管理中心是现代高速公路管理的核心机构，负责接收各个分中心监控系统传输来的各类数据和图像信息，进行信息处理和信息发布，监视全路段的交通系统运行状况，及时发现道路上发生的交通事件，确定事件发生的地点、性质和程度，迅速救助出事的人员和车辆，尽快疏导和恢复交通，向分中心发布各种命令，实现对区高速公路的综合监控和管理。管理中心具有对全线监控设施和信息发布显示设施进行控制的最高权限，紧急情况下可通过全线监控系统的功能设置直接控制各路段或某区域内的路段或某一路段的信息发布显示设施。监控中心具备对全线监控分中心的监视图像进行任意切换、调用的功能。高速公路管理中心需满足运营管理的需求，还需体现科学化、智能化、人性化。高速公路管理中心的建设需进行合理可行的规划及设想，以符合相关单位的使用特点，发挥应有的作用。

高速公路管理中心一般与公路主管部门合并设置，在主要城市建设，周边多为办公楼或居民区，基础设施完善，交通、通信方便，自然环境清洁，无强振源、噪声源及强电磁场。管理中心根据高速公路机电工程系统的特点分为监控大厅、收费机房、通信机房、监控机房及配套附属房间。

4.3.2　管理中心机房设计要求

1) 抗震设防烈度为 7 度及以上的地区，建筑设计和设备的安装应采取抗震措施。

2）高层建筑或电子信息系统较多的多层建筑均应设置弱电间。

3）机房宜设在建筑物首层及以上的房间，当有多层地下室时，也可设在地下一层或处于建筑群中心位置的建筑物内。

4）机房不应设置在厕所、浴室或其他潮湿、易积水场所的正下方或与前述场所贴邻。

5）机房宜靠近弱电间，方便各种线路进出。

6）机房的位置应便于设备（发电机、UPS、专用空调等）吊装、运输。

7）机房应远离粉尘、油烟、有害气体及生产或储存具有腐蚀性、易燃易爆物品的场所。

8）机房应远离强振动源和强噪声源，当不能避免时应采取有效的隔振、隔声和消声措施。

9）机房应远离强电磁场干扰场所，不应设置在变压器室、配电室的楼上楼下或隔壁，当不能避免时应采取有效的电磁屏蔽措施。

10）机房应避免靠近烟道、热力管道及其他散热量大或潮湿的设施。

11）机房与可能存在爆炸和火灾危险场所的建筑物毗邻时，应符合国家标准《爆炸危险环境电力装置设计规范》GB 50058—2014 的规定。

机房建筑平面和空间布局应具有适当的灵活性，主机房及监控大厅的主体结构宜采用大开间大跨度的柱网，内隔墙宜具有一定的可变性。

4.3.3　管理中心设计要点

1）管理中心应设置在距离主要出入口较近和较明显的地方，并设置车辆停放场地。

2）管理中心的建筑形式应简洁大方，突出高速公路交通建筑的识别性。

3）管理中心的办公用房净高不应低于 3.0m。

4）管理中心门窗的选用应符合国家相关标准的规定。

5）管理中心的安全疏散应符合国家现行标准《建筑设计防火规范》GB 50016—2014（2018 年版）的有关规定。

6）管理中心的办公用房应采用直接自然通风，应考虑天然采光，采光系数按现行国家标准《建筑采光设计标准》GB 50033—2013 的有关规定。

7）管理中心的办公和公共用房设计应符合国家现行行业标准《办公建筑设计标准》JGJ/T 67—2019 的有关规定。

8）监控大厅宜设置在顶层，大厅外宜设置走廊，大厅下方不宜设厨房配电室和发电机房等附属设施。

9）装饰材料与装修。在管理中心室内装饰材料选择上，应首先考虑满足环保和防火要求，其次才是美观大方。所选材料均应为气密性好、不起尘、易清洁、不燃性的材料，且在温、湿度变化作用下变形小。吊顶采用 600mm×600mm×0.7mm 的铝合金微孔吊顶。门厅走廊之间的隔墙采用防火玻璃和火克板配合使用，隔墙在低于 2.8m 时使用 21mm 透明防火玻璃及不锈钢框架，其余部分隔墙使用不透明的防火材料火克板。隔断墙体宜自重小、通透性好，具有一定的伸缩性。地面采用 600mm×600mm×3.5mm 的全钢抗静电活动地板，铺设高度为 300mm，铺设平整，防止因走动产生振动。

在给水排水方面，根据设备、空调、生活、消防等对水质、水温、水压和水量的不同要求分别设置循环和直流给水系统。设有独立的供水设备，保证供水的水质、水压和水量。循环冷却水系统均进行保温处理，并根据规范进行水质稳定性计算，采取有效的防蚀、防腐、防垢及杀菌措施。给排水管道采用阻燃材料，采取暗敷并做好防渗漏处理。

10）供配电与照明。供配电对系统设备的运行非常重要，没有固定的电源系统不但无法保证监控设备正常运行，还将直接引发监控设备故障。因此，对监控设备供电一般采用双电源＋UPS 保护的供电方式，即以市电（双回路）为主，以柴油发电机为辅，同时将系统重要设备接入 UPS 不间断电源，以确保在主辅电源均发生故障的情况下及主辅电源切换瞬间系统仍能正常运行。

照明设计以保证有足够的照度为原则，实行多级控制。各机房照明采用 600mm×600mm 不锈钢三管格栅灯和暖光源筒灯配合使用。监控大厅结合监控屏幕墙和控制台布设灯光，限制监控屏幕和控制台的反射眩光及光幕反射，使得监控大厅照度充足且视觉舒适。各机房照明分三级控制，辅助房间分两级控制。多级控制照明既能够满足不同情况下的照明要求，又能节省电力资源。各机房还应设有应急照明系统，由 UPS 供电，以满足在突发断电情况下最低照度的要求。

从便于使用和维护方面考虑，在各机房及辅助房间设置若干个维修和测试电源插座。维修和测试电源插座个数、位置、高度等都需满足要求，且使用方便。

4.3.4　中心机房设计

1. 机房工程整体建设

机房工程整体建设一般包括以下几个方面：综合布线、防静电地板铺设、顶棚和墙体装修、隔断装修、UPS 电源、专用恒温恒湿空调、机房环境及动力设备监控系统、新风换气系统、漏水检测系统、接地系统、防雷系统、门禁系统、监控系统、消防系统、报警系统、屏蔽系统等。

2. 防静电地板铺设

机房工程的施工中，地面工程是一个很重要的部分。机房地板一般采用防静电活动地板。活动地板具有可拆卸的特点，因此设备导线电缆的连接、管道的连接及检修更换都很方便。

3. 隔断装修

为了保证机房内不出现内柱，机房建筑常采用大跨度结构。针对计算机系统不同设备对环境的不同要求，为便于进行空调控制、灰尘控制、噪声控制和机房管理，往往采用隔断墙将大的机房空间分隔成较小的功能区域。隔断墙要既轻又薄，还能隔声、隔热。机房外门窗多采用防火防盗门窗，内门窗一般采用无框大玻璃门窗，既能保证机房的安全，又可保证机房内通透、明亮。

4. UPS 不间断电源

计算机机房负载分为主设备负载和辅助设备负载。主设备负载指计算机及网络系统、计算机外部设备和机房监控系统，这部分的供配电系统称为设备供配电系统，其供电质量要求非常高，应采用 UPS 不间断电源供电，保证供电的稳定性和可靠性。

机房内的电气施工应选择优质电缆、线槽和插座。插座应分为市电、UPS 及主要设备专用的防水插座，并标注易区别的标志。照明应选择机房专用的无眩光高级灯具。

机房供配电系统是机房安全运行的动力保证，一般采用专用的配电柜来规范机房的供配电系统，保证机房供配电系统安全、合理。机房一般采用市电、柴油发电机组双回路供电，柴油发电机组作为主要的后备动力电源，运行成本较低。

5. 精密空调系统

机房精密空调系统的作用是排出机房内设备及其他热源散发的热量，维持机房内恒温恒湿的状态，并控制机房的空气含尘量，保证机房设备连续、稳定、可靠地运行。为此，要求机房精密空调系统具有送风、回风、加热加湿、冷却、减湿和空气净化的能力。

机房精密空调系统是保证机房运行环境的最重要的设备，应采用恒温恒湿精密空调系统。

6. 新风换气系统

机房新风换气系统主要有两个作用：其一，给机房提供足够的新鲜空气，为工作人员创造良好的工作环境；其二，维持机房对外的正压差，避免灰尘进入，保证机房有更好的洁净度。

机房内的气流组织形式应结合计算机系统的要求和建筑条件综合考虑。新风系统的风管及风口位置应配合空调系统和室内结构合理布局，其风量根据空调送风量大小和机房操作人员数量确定，一般取值为每人新风量 $50\text{m}^3/\text{h}$。新风换气系统可采用吊顶式安装或柜式机组安装，通过风管进行新风与污风的双向独立循环。

新风换气系统中应加装防火阀，并能与消防系统联动，一旦发生火灾事故，便能自动切断进风。如果机房是无人值守机房，则不必设置新风换气系统。

7. 接地系统

机房接地系统是涉及多方面的综合性信息处理工程，是机房建设中的一项重要内容。接地系统是否良好是衡量机房建设质量的关键要素之一。机房一般有四种接地方式，即交流工作接地、安全保护接地、直流工作接地和防雷保护接地。机房接地时应注意两点：①信号系统和电源系统、高压系统和低压系统不应使用共地回路；②灵敏电路的接地应各自隔离或屏蔽，以防止地回流和静电感应而产生干扰。机房接地宜采用综合接地方案，综合接地电阻应小于 1Ω。

8. 防雷系统

机房雷电分为直击雷和感应雷。对直击雷的防护主要由建筑物所安装的避雷针完成；机房防雷（包括机房电源系统防雷和弱电信息系统防雷）主要是防止感应雷引起的雷电浪涌和其他原因引起的过电压。

9. 监控系统

管理中心及机房的安全防范机制是不可缺少的环节。监控系统需能 24 小时监视并记录下机房内发生的任何情况。

10. 门禁系统

机房门禁系统多采用非接触式智能 IC 卡综合管理系统。该系统可灵活、方便地限定进入机房的人员、时间、权限，防止人为因素造成的破坏，保证机房的安全。

11. 漏水检测系统

机房的水害来源主要有：机房顶棚屋面漏水，机房地面由于上下水管道堵塞造成漏水，空调系统排水管设计不当或损坏造成漏水，空调系统保温不好形成冷凝水。机房水害影响机房设备的正常运行，甚至造成机房运行瘫痪。因此，机房漏水检测是机房建设和日常运行管理的重要内容之一。除施工时对水害重点检查外，还应安装漏水检测系统。

12. 机房环境及动力设备监控系统

机房环境及动力设备监控系统主要是对机房设备（如供配电系统、UPS 电源、防雷器、空调系统、消防系统、保安门禁系统等）的运行状态、温度、湿度、洁净度、供电的电压、电流、频率、配电系统的开关状态、测漏系统等进行实时监控并记录历史数据，实现对机房遥测、遥信、遥控、遥调的管理功能，为机房高效的管理和安全运营提供有力的保障。

13. 消防系统

机房应设气体灭火系统。气瓶间可设在机房外，采用管网式结构，在天花板上设置喷嘴。火灾报警系统由消防控制箱、烟感器、温感器联网组成。

机房应采用气体消防系统，常用气体为七氟丙烷和 SDE 两种。

14. 屏蔽系统

机房屏蔽系统主要用于防止各种电磁干扰对机房设备和信号的损伤和干扰，常见的有两种类型，包括金属网状屏蔽系统和金属板式屏蔽系统。依据机房对屏蔽效果的要求、屏蔽的频率频段高低、屏蔽系统的材质和施工方法选择屏蔽系统，各项指标要求应严格按照国家相关标准执行。

4.4　管理分中心设计

4.4.1　管理楼设计要点

1）管理楼应设置在距离主要出入口较近和较明显的地方，并设置车辆停放场地。

2）管理楼的建筑形式应简洁大方，突出高速公路交通建筑的识别性。

3）管理楼的办公用房净高不应低于 2.80m。

4）管理楼门窗的选用应符合国家相关标准的规定。

5）管理楼的安全疏散应符合国家现行标准《建筑设计防火规范》GB 50016—2014（2018 年版）的有关规定。

6）管理楼的办公用房应采用直接自然通风，应考虑天然采光，采光系数按照现行国家标准《建筑采光设计标准》GB 50033—2013 的有关规定。

7）管理楼的装修设计可参考表 4.2 中的做法。

表 4.2　管理楼装修设计标准

房间或部位	监控室及通信机房	门厅及台阶	走道	车库	卫生间
楼地面	防静电地板	花岗岩地面	地砖	水泥地面	防滑地砖
内墙	乳胶漆	乳胶漆	乳胶漆	乳胶漆	瓷砖墙面
顶棚	铝扣板吊顶	矿棉板吊顶	矿棉板吊顶	乳胶漆顶棚	铝扣板吊顶
外墙	高级外墙漆为主，根据单体建筑效果局部石材饰面				

注：管理楼可根据地方特色及人文环境进行特殊设计。

8）管理楼的办公和公共用房设计应符合国家现行行业标准《办公建筑设计标准》JGJ/T 67—2019 的有关规定。

9）票据管理室、监控室、通信室、机房宜设在管理楼顶层，监控室宜设置走廊，监控室下方不宜设厨房和发电机房。

10）票据管理室内应设值班室、卫生间，并设置票款交接操作空间和票箱、保险柜存放空间。

11）管理楼内应配置相应数量的车库及仓库。

12）管理用房内应设置职工书屋。

13）管理分中心应配备大、小会议室，大会议室宜有电声、放映、遮光等设施，小会议室可与党团活动室结合设置。管理站配备大会议室即可。

14）活动室可置于食堂上方，与员工宿舍结合设置，不宜置于综合楼内。

15）水泵房及变配电间不宜设置在地下室或半地下室。

4.4.2　员工宿舍设计

1）员工宿舍的设计应符合国家现行行业标准《宿舍建筑设计规范》JGJ 36—2016 的有关规定。

2）员工宿舍楼内宜考虑设会客室。厕所、盥洗室、洗衣房等公共用房的位置应避免对居室产生干扰。员工宿舍内宜设有阳台、平台或其他晾晒设施。

3）员工宿舍建筑的门窗选用应符合国家相关标准，并应加设纱窗。

4）员工宿舍的安全疏散应符合国家现行标准《建筑设计防火规范》GB 50016—2014（2018 年版）的有关规定。

5）员工宿舍内半数以上的居室应有良好的朝向，并应具有与住宅相同的日照标准。若有朝西的居室，应有遮阳设施。应留有接待住宿用房。

6）员工宿舍装修标准可考表 4.3 中的做法。

表 4.3　员工宿舍装修标准

房间或部位	居室	卫生间	公共洗衣房及开水间	门厅及台阶
楼地面	地砖地面	防滑地砖地面	防滑地砖地面	花岗岩地面
内墙	乳胶漆	瓷砖墙面	瓷砖墙面	乳胶漆
顶棚	乳胶漆顶棚	铝扣板吊顶	铝扣板吊顶	矿棉板吊顶
外墙	高级外墙漆为主，并根据单体建筑效果局部石材饰面			

注：有条件的居室地面可采用地板或地毯，吊顶可采用特殊造型。

7）居室。

①居室按使用要求分为甲、乙、丙三类，其中甲、乙类居室的人均建筑面积应符合表 4.4 的规定。

表 4.4　居室类型与人均建筑面积

居室类型	甲	乙
每室居住人数/人	1	2
人均建筑面积/（m²/人）	12.5	11.5
储藏空间	壁柜、吊柜、书架	

②居室的形式常见的有单人间和双人间，宜根据实际需要按一定比例组合（表 4.5）。

表 4.5　员工宿舍居室常用尺寸参考

居室形式	单人间			双人间		
	开间/m	进深/m	面积/m²	开间/m	进深/m	面积/m²
居室	3.0	4.8	14.4	3.9	6.3	24.57
卫生间	1.8	1.5	2.7	2.1	1.8	3.78
小计	—	—	17.1	—	—	28.35

③员工宿舍居室一般采用双人间，若条件允许可适当设置单人间，也可适

当配置招待用房。

　　④ 员工宿舍居室主要有休息、学习、储存三大功能。

　　⑤ 居室内应设壁柜、吊柜、书架等储存空间。

　　⑥ 居室内卫生间洗脸池上方墙面应统一设置梳妆镜。

　　⑦ 居室不应布置在地下室，不宜布置在半地下室。

　　⑧ 居室的要求应符合表 4.6 的规定。

表 4.6　居室的要求

项目	要求
平面布置	宜集中布置，水平交通流线不宜过长
休息空间	两个单床长边之间的距离不小于 0.6m；两床床头之间的距离不小于 0.1m；两排床之间的走道宽度不小于 1.2m
学习空间	设固定书架时，其进深不应小于 0.25m，每格净高不应小于 0.3m；设壁柜时，其进深不应小于 0.5m；设固定箱子架时，每格净空不宜小于 0.8m（长）、0.8m（宽）、0.45m（高）
储存空间	设壁柜时，其进深不应小于 0.6m，宽度不应小于 0.9m；人均储藏容积不应小于 1.5m³
卫生间	不应小于 2m²，设水封地漏
室内高度	净高不应低于 2.6m
居室大门	优质门，应有安全保护措施
居室窗	应设吊挂窗帘的设施
室内顶棚	乳胶漆顶棚
室内墙面	乳胶漆墙面
室内地面	高级地砖地面

4.4.3　辅助用房设计

　　1）辅助用房的净高不宜低于 2.50m。

　　2）无直接自然通风的卫生间应设置通风和换气设施。

　　3）无集中供应的开水时，员工宿舍内应设开水间。

　　4）每层应分设男、女公共洗衣房和卫生间，设洗衣机专用位置时应设置相应的给排水设施和单相三孔插座。

4.4.4　餐厅、厨房设计

　　1）餐厅、厨房的设计应符合国家现行行业标准《饮食建筑设计标准》

JGJ 64—2017 的有关规定。

　　2）餐厅、厨房宜相对独立设置。

4.4.5　建筑设备设计

　　1. 给水排水

　　1）管理楼的给排水设计应符合国家标准《建筑给水排水设计标准》GB 50015—2019 的规定。

　　2）监控室、通信室、机房及票据管理室等有重要物资及设备的用房应避免漏水和结露。

　　3）员工宿舍的给排水设计应符合下列规定：

　　① 员工宿舍给水系统应满足给水配件最低工作压力，当不能达到时应设置系统增压给水设备。

　　② 员工宿舍给水系统最低配水点的静水压力不宜大于 0.45MPa，超过时应进行竖向分区。水压大于 0.35MPa 的入户管或配水横管设减压设施。

　　③ 员工宿舍宜设置热水供应设备，热水宜集中制备。条件不许可时，也可分散制备或预留安装热水供应设施的条件。

　　④ 盥洗室、浴室、厕所及居室内附设的卫生间，卫生器具和给水配件应采用节水性能良好及低噪声的产品。

　　⑤ 盥洗室、浴室、厕所、居室内附设卫生间、公共洗衣房、公共开水间应设置地漏，其水封深度不得小于 50mm，洗衣机的排水应设置专用地漏。

　　⑥ 居室内附设卫生间的，用水宜单独计量。

　　4）缺水地区的管理站应按当地有关规定配套建设中水设施。

　　2. 暖通和空调

　　1）管理楼、食堂、餐厅等建筑物可根据当地气象条件或建设单位的要求设置舒适性空气调节系统。

　　2）员工宿舍无外窗的卫生间应设置有防回流构造的排气通风竖井，并安装机械排气装置。

　　3）卫生间的门宜在下部设进风固定百叶，或门下留有进风缝隙。

　　4）员工宿舍每居室宜安装有防护网且可变风向的吸顶式电风扇。

　　5）员工宿舍内可设置空调设备或预留安装空调设备的条件。

　　6）设置非集中空调设备的员工宿舍建筑，应对空调室外机的位置统一设计、安排。空调设备的冷凝水应有组织排放。

4.4.6　电气设计

1) 收费站用电负荷等级应符合下列规定：

① 食堂用电按二级负荷供电。

② 办公楼内的监控机房和电源室（包括机房和电源室内的照明、空调、监控设备和通信设备等）按二级负荷供电。

③ 收费天棚按二级负荷供电。

④ 设备房按二级负荷供电。

⑤ 消防水泵、潜水泵、生活水泵和污水处理器按二级负荷供电。

2) 收费站宜设置室内干式节能型变压器，供电半径不大于 250m。方案设计阶段在确定计算负荷时，采用建筑物单位面积指标法计算。各建筑部位的用电负荷指标见表 4.7。

表 4.7　各建筑部位用电指标

建筑部位		用电指标/（W/m²）
办公楼	公共走廊	8～10
	办公室	80～120
	会议室	80～120
	监控机房	100～120（设备另计）
	电源室	100～120（设备另计）
	票据管理室、财务室	80～120
	公共卫生间	8～10
员工宿舍	公共走廊	8～10
	员工宿舍	80～120
	公共卫生间	8～10
食堂	餐厅	80～120
	厨房	60～80（厨具功率另计）
	包厢	80～120
	库房	8～10
辅助用房	水泵房（无塔供水）	20～30（设备另计）
	发电机房、变配电室	20～30（设备另计）
	车库	30～60
	门卫室	80～120

3）管理分中心照度标准应符合现行国家标准《建筑照明设计标准》GB 50034—2013 的规定（表 4.8），此外还应达到以下要求：

表 4.8　各建筑部位的照度标准值

建筑部位		参考平面及其高度	照度标准值/lx
办公楼	公共走廊	地面	100
	办公室	0.75m 水平面	300
	会议室	0.75m 水平面	300
	监控机房	0.75m 水平面	300
	电源室	0.75m 水平面	300
	票据管理室、财务室	0.75m 水平面	300
	公共卫生间	地面	75
员工宿舍	公共走廊	地面	50
	员工宿舍	0.75m 水平面	150
	公共卫生间	地面	75
食堂	餐厅	0.75m 水平面	200
	厨房	地面	200
	包厢	0.75m 水平面	200
	库房	地面	75
辅助用房	水泵房（无塔供水）	地面	100
	发电机房、变配电室	地面	200
	车库	地面	75
	门卫室	0.75m 水平面	200

① 备用照明的照度值不低于该场所照明照度值的 10%。

② 安全照明的照度值不低于该场所照明照度值的 5%。

③ 疏散通道的散照明照度值不低于 0.5lx。

4）管理分中心各栋建筑选用的照明光源应符合国家现行相关标准的有关规定，此外还应符合下列要求：

① 室内光源的选择应与建筑物的形式、室内装修的色彩及风格相协调。

② 室内照明宜采用直管型节能荧光灯和紧凑型节能荧光灯，且应选用无眩光的灯具。

③ 办公楼、宿舍楼内的疏散走道、楼梯间应设置消防应急照明灯具，在疏散门的正上方应设置灯光疏散指示标志，并应符合下列规定：

a. 安全出口和疏散门的正上方应采用"安全出口"作为指示标志。

b. 沿疏散走道设置的灯光疏散指示标志应符合现行国家标准《消防安全标志》GB 13495—2015 的有关规定，设置在疏散走道及其转角处距地面高度 1.0m 以下的墙面上，且灯光疏散指示标志间距不应大于 20m，对于袋形走道不应大于 10m，在走道转角区不应大于 1.0m。

c. 消防应急照明灯具和灯光疏散指示标志的备用电源连续供电时间不应少于 30min。

④ 楼梯间宜采用声光控制灯。

5）管理分中心应在办公楼设置弱电机房，宜优先考虑和监控室合用。

6）管理分中心宿舍楼应满足下列要求：

① 每间宿舍用电负荷标准不宜大于 3kW。

② 每间宿舍单独计量，每层电表箱宜设置在楼梯间。

③ 每间宿舍普通插座、空调插座、热水器插座、照明应分路设计，除空调电源插座外，其余插座回路应设置剩余电流保护装置。

④ 每间宿舍卫生间应做局部等电位联结。

⑤ 每间宿舍应设置电话接口、网络接口和有线电视接口。

⑥ 每间宿舍卫生间应预留普通防水型插座。

⑦ 每间宿舍宜设置床头灯，控制开关高度宜为 0.8m。

7）室外照明以庭院灯为主，适当设置草坪灯。庭院灯宜采用 LED 光源或者独立太阳能灯。

8）室外电井（包括强弱电的人孔、手孔）应严格参照图集《电力电缆井设计与安装》07SD101-8 施工。

9）室外电缆敷设应严格参照图集《地下通信线缆敷设》05X101-2 施工。

4.5　公路管理所设计

公路管理所是指对所辖路段行使路政、监控通信等职能的基层管理部门。大型桥梁及隧道根据实际需要也需设置管理所。桥隧管理所可多座桥梁或隧道合并设置，或与路段管理所合并设置。

4.5.1　管理所选址

管理所选址是影响管理人员办公、生活及管理所建设规模的重要因素，需满足以下条件：

1）优先考虑利于管理、距离主线较近的地方。这样可保证管理人员迅速上路，便于与收费站、养护工区等外设部门联络，加强监督管理，缩短通信监控线路敷设的距离。

2）节省建设费用。管理所建设包括征地和土建工程，前者主要考虑征地难易与征地费用，后者需论证增设的辅助设施与地价的差异关系。选址偏远，必须将辅助设施一应配齐；如邻近或地处市区，有些辅助设施就可以不设或少设。

3）考虑供电、供水便利及交通依托条件。管理所尽量位于城市服务系统延及的范围内，可为日后的正常使用、维护提供基本保障，也可免除部分增设费用。

4）桥隧管理所位置较特殊，一般位于山区或河谷，可利用的场地一般较小，平整场地工程量大。应选择相对开阔、坡度平缓、有宽阔的山坡阶地的地带，场地平整工程量相对较小，节省工程造价，同时还应避开滑坡、泥石流等地质危险地段，易发生洪滞地区还应设置可靠的防洪涝设施。

目前对管理所的选址，由于考虑的角度不同而存在两种看法：一种看法认为管理所应紧靠高速公路，强调监督管理与处理问题迅速，便于通信监控线路敷设；另一种看法主张管理所应设在市区，这样上下班便利。综合考虑，笔者认为在管理所选址时，首先要根据管理所的职能进行定位，管理所作为基层生产管理单位必须高效及时处理辖区内的事务，应着重强调上路迅速与管理便利，因此应以紧靠高速公路为首选方案。其次，还要充分估计城市、城郊的发展速度，最好依据城市未来的总体规划将管理所设在城市的边缘，尽可能利用城市市政服务设施。

4.5.2 总图布置

1）管理所的主要建筑包括管理用房和附属建筑物，桥隧管理所还需配置消防水池及变电所。管理用房是管理所管理和控制工作的中心场所，主要是管理人员的办公及食宿场所，应布置于场区内主要位置。部分管理所规模较小，可将办公、食宿功能集中布置于一栋楼，但应考虑在平面布局上使办公、居住互不干扰；规模较大的管理所可将办公区、居住区分开设置，但应联系紧密。

2）合理安排室外平面功能，运动场地、配电房、泵房等配套设施布置于站房区的边角零碎用地；尽量把完整的用地作为办公、宿舍的活动场所，避免用地浪费。

3）与桥隧关系密切的房屋建筑，如变电所、水泵房等功能性建筑，布置在靠近桥隧一侧，这样可缩短距离，便于各种设备管线的衔接。管理所集中办公区和宿舍区布置在远离桥隧一侧，这样可避免灰尘、噪声、振动污染，有利于工作人员的生活和休息。以上功能分区遵循"动静有别，办公、生活区分区"的设计原则。

4）管理所道路设置需合理有序，满足消防、救援车辆的出入，停车场的设置也需有利于车辆的停放和管理。以上设计遵循"人车分流，方便快捷"的设计原则。

5) 竖向设计。管理所场地竖向设计标高与连接道路的标高相适应。场地标高遵循"顺应原始场地"的原则,以减少土方量;场地坡度控制在 2% 之内,局部坡度较大处可采用错台处理;道路坡度控制在 5% 以内。

4.5.3 管理用房设计

1. 设计内容

管理用房主要包括监控室、通信室、机房、办公室、餐厅、宿舍等,因管理所的规模较小,可将各功能集中设置于一个单体建筑中,但应注意分区,尽量避免相互干扰。

配套附属设施主要包括供水、供电、采暖、排水及消防设施。如管理所距离城市较近,应优先接入市政管网。

目前管理所主要采用钢筋混凝土框架结构,其空间分隔灵活,自重轻,节省材料,可以较灵活地配合建筑平面进行布置,利于安排需要较大空间的房间;结构的整体性、刚度较好,能达到较好的抗震效果,而且可以把梁或柱浇筑成各种需要的截面形状。

2. 建设规模

管理所的建设规模主要依据国家发展和改革委员会、住房和城乡建设部2014 年印发的《党政机关办公用房建设标准》,并结合高速公路监控通信及其他特殊要求确定。如管理所远离市区,会给职工的工作和生活带来不便。为保证管理所工作的正常开展,其建设规模可适当提高。管理所建设规模见表 4.9。

表 4.9 管理所建设规模　　　　　　　　单位:m²

序号	项目	管理所	
		路段管理所	桥隧管理所
1	管理办公室	250~335	0~150
2	员工宿舍	310~320	0~100
3	公厕	50~65	0~25
4	食堂	165~200	/
5	监控办公室	235~335	/
6	监控室	335~420	0~85

序号	项目	管理所	
		路段管理所	桥隧管理所
7	通信机房	75～100	40～70
8	锅炉房	100	80
9	配电室	80	80
10	水泵房	80	60
11	仓库	75～115	/
12	车库	155～250	/
合计建筑面积		1910～2400	260～650

注：1. 管理办公室包括管理人员办公室、信息化办公室、值班室、会议室、档案资料室、职工活动室等。

2. 当桥隧管理所为无人值守的管理所时，不需配备管理人员，建设规模指标取下限。

3. 建筑朝向

我国荒漠区大多在北方地区，且荒漠区夏季炎热、冬季寒冷，冬季夜间气温常在−20℃以下，因此建筑需具备良好的采光、通风效果。管理用房设计需充分考虑建筑朝向。各个单体建筑结合场地特点确定朝向，以南向或东南向为最佳朝向，使建筑冬季具备良好的采光、防风效果，夏季又可防止西晒，具备良好的通风效果。

4. 建筑造型

建筑造型体现其功能，遵循表里如一的设计规则，使建筑形象和建筑实质相协调。此外，还需结合当地人文特色，与周围环境相协调。

5. 建筑构造及装修做法

不同部位建筑构造及装修做法见表4.10。

表4.10　建筑构造及装修做法

部位	做法
屋面	（自下而上） 结构层：钢筋混凝土结构层，刷素水泥浆一道 保温层：120厚 XPS 板 找坡层：CL5.0 轻集料混凝土，找 2%坡，最薄处 30 厚 找平层：30 厚 C20 细石混凝土 防水层：3+4 厚 SBS 防水层，面层自带页岩保护层

部位	做法
地下室防水	1. 底板（自上而下） 水泥砂浆面层 防水混凝土底板 50 厚 C20 细石混凝土 聚乙烯薄膜隔离层 3＋4 厚 SBS 改性沥青防水卷材 20 厚 1：2.5 水泥砂浆找平层 100 厚 C15 混凝土垫层 素土夯实 2. 外墙（由外而内） 素土夯实 100 厚 XPS 保温层（保护层） 3＋4 厚 SBS 改性沥青防水卷材 防水混凝土外墙 水泥砂浆面层
外墙	加气混凝土砌块墙，改性聚氨酯保温板，一般采用仿石漆或真石漆饰面，或采用外挂石材或铝板
外门	铝合金断热桥安全玻璃门或钢制节能保温外门
外窗	断桥隔热铝合金窗或四腔三密封塑钢窗
散水	混凝土散水
坡道	条石花岗岩坡道
台阶	条石花岗岩踏面台阶
顶棚	门厅、走道、餐厅、会议室、监控室采用矿棉吸音石膏板吊顶，厨房、卫生间、浴室等有水房间以铝扣板吊顶，其余顶棚刷白色乳胶漆
内墙面	厨房、卫生间、浴室等有水房间为防水面砖墙面，其余墙面刷白色乳胶漆
内门	成品钢木门，钢板厚度≥1mm，或实木复合门
地面	设备用房一般为水泥砂浆地面（有水房间需做防水），厨房、卫生间为防滑地砖地面，其余部分为地砖地面
楼面	监控室、通信机房为防静电活动地板，卫生间、浴室为防滑地砖防水楼面，其余楼面均为地砖楼面
踢脚	设备用房为水泥砂浆踢脚，厨房、卫生间、浴室无踢脚，其余房间均为地砖踢脚

6. 节能设计

1）建筑设计中优化建筑形体和内部空间的布局，充分利用天然采光、自然通风，采用维护结构保温、隔热、遮阳等措施，降低建筑的采暖、空调和照明系统的负荷，提高室内舒适度。

2）建筑形体设计根据周围环境、场地条件和建筑布局确定，综合考虑场地内外建筑日照、自然通风与噪声等因素。

3）充分利用天然采光，房间的有效采光面积和采光系数符合《民用建筑设计统一标准》GB 50352—2019 和《建筑采光设计标准》GB 50033—2013 的要求。

4）建筑物的平面空间布局、剖面设计和门窗的设置有利于室内自然通风，提高居住的舒适度。

5）将外门窗开口面积控制在规定的限值内，以确保合理的窗墙比，尽量减少耗能；各部分围护结构传热系数均满足《建筑节能与可再生能源利用通用规范》GB 55015—2021 等的相关规定，以降低采暖耗热量。

6）新建建筑通过采用先进的技术，适当提高结构的可靠度水平，提高结构对建筑功能变化的适应能力及承受各种作用和效应的能力。

7）建筑材料中有害物质含量符合现行国家标准《室内装饰装修材料 人造板及其制品中甲醛释放限量》GB 18580—2017、《混凝土外加剂中释放氨的限量》GB 18588—2001 和《建筑材料放射性核素限量》GB 6566—2010 的要求；建筑造型要简约，无大量装饰性构件；建筑结构材料合理，采用高性能混凝土、高强度钢；将建筑施工和场地清理时产生的固体废弃物分类处理，并将其中可再利用材料、可再循环材料回收和再利用；使用新型节能环保墙体材料。

8）室内所有排水地漏的水封高度不小于 50mm。

9）室内排水管道设伸顶通气管，以改善排水水力条件和卫生间的空气条件。

10）给水支管的水流速度不超过 1.0m/s，并在直线管段设置胀缩装置，防止产生水流噪声。

11）浇洒绿地与景观用水。室外绿化、草地采用微喷节水灌溉方式。

12）坐便器均采用容积为 6L（带有大小便档）的冲洗水箱。公共卫生间内的大便器采用低位水箱冲洗阀，小便器采用感应式冲洗阀，洗手盆采用感应式龙头。

13）各用水部门均安装计量收费装置。

7. 暖通设计

1）采用超声波热量表，用于计量整栋楼的耗热量。

2）采暖系统的形式满足建筑分室或分区调节室温的要求。

3）所选用的通风设备均为低噪声节能设备，效率值为 80％。

4）室内、室外地沟内的供回水管道均采用岩棉管壳保温，外层采用油毡和玻璃布保护层。

8. 电气设计

1）变压器尽量深入负荷中心，减少电缆线路损耗。选择技术参数好的高效低功耗变压器和系统开关设备，确保安全、可靠，在经济运行方式下运行。采用低压自动补偿装置，提高功率因数，降低变压器的无功功率。

2）合理选择供配电线路路径及导体截面。供配电线路在可能的情况下应选择最短路径，以减少电压损失。导体截面在满足允许载流量、允许电压损失、热稳定校验等技术条件下宜按经济电流选择。

3）空调系统设备、给排水设备采用智能控制方式等节电措施。

4）选择高效、节能的电动机。水泵采用变频或降压启动等节能控制措施。

5）建筑内公共部位的照明，除应急照明外，均应采用节能自熄开关，其光源应采用 LED 等高效光源。

6）采用高效光源、高效灯具及高效的灯具附件，所有灯具功率因数不低于0.9。荧光灯灯具的效率不应低于表 4.11 的规定。

表 4.11　灯具效率

灯具出光口形式	敞开式	保护罩（玻璃或塑料）		格栅
		透明	磨砂、棱镜	
灯具效率/%	75	65	55	60

7）总开关具有自恢复式过、欠电压保护功能。

8）选用绿色、环保且经认证的电气产品。在满足国家规范及供电行业标准的前提下选用高性能配电设备、高品质电缆电线，降低设备自身的能耗。

4.6　管理设施设计实例

4.6.1　阿勒泰管理监控通信分中心

阿勒泰管理监控通信分中心属于连霍高速公路联络线 G3014 克拉玛依至阿勒泰公路建设工程（福海渔场—阿勒泰段），位于阿勒泰公路局院内，总建筑面积 4518.14m²，混凝土路面及场地面积 1102m²。

阿勒泰管理监控通信分中心位于阿勒泰市内，场区内有完善的市政给排水管网、热力管网和电力管网，但需对场区树木进行迁移，对小区排水管网进行改造。该管理监控分中心主要负责连霍高速公路联络线 G3014 克拉玛依至阿勒泰公路建设工程（福海渔场—阿勒泰段）高速公路数据的收集，总平面图如图 4.1 所示。

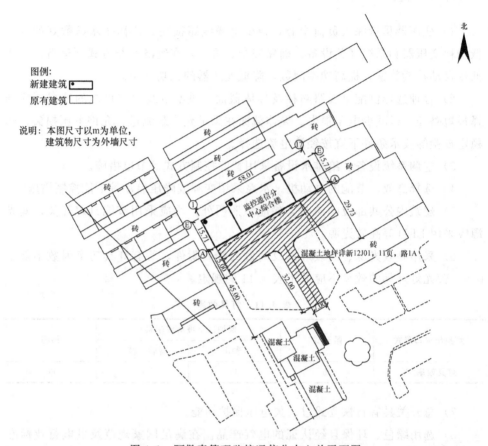

图 4.1　阿勒泰管理监控通信分中心总平面图

　　该分中心建筑层数为六层，属于三类建筑，耐火等级为二级，屋面防水等级为Ⅱ级。该项目在原有场地内建设，市政及电力基础设施较齐全，总平面布置时需注意与场地周边建筑的防火间距、日照间距等符合相关规定，在满足防火要求的情况下还要保证周边建筑的采光符合国家规定。该管理监控通信分中心的设计遵循以人为本的设计理念，平面布局为"一"字形，交通流线清晰，功能分区合理、齐全，满足使用要求。管理楼一层、二～四层、五层、六层平面图如图 4.2～图 4.5 所示。

　　一层设有办公室、会议室、电梯厅、消防控制室、卫生间。二～四层设有办公室、会议室、卫生间。五层设有主监控室、监控设备机房、收费数据汇总机房、会议室、卫生间。六层设有大会议室、准备室。

　　管理楼正立面图和背立面图如图 4.6、图 4.7 所示。

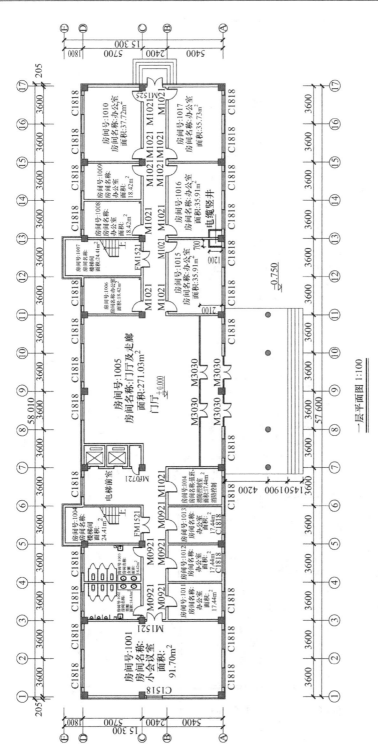

图 4.2　管理楼一层平面图

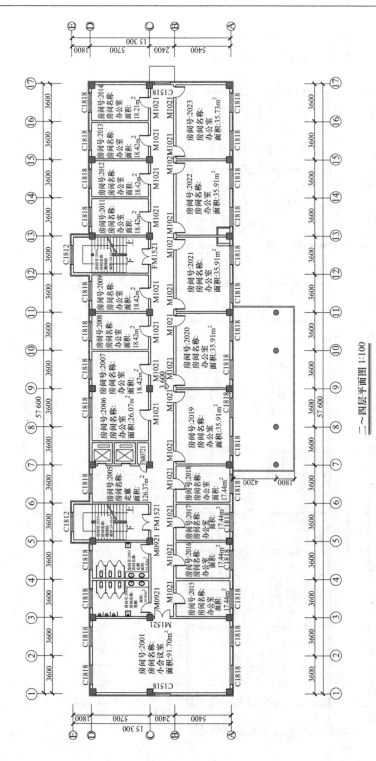

二~四层平面图 1:100

图 4.3 管理楼二~四层平面图

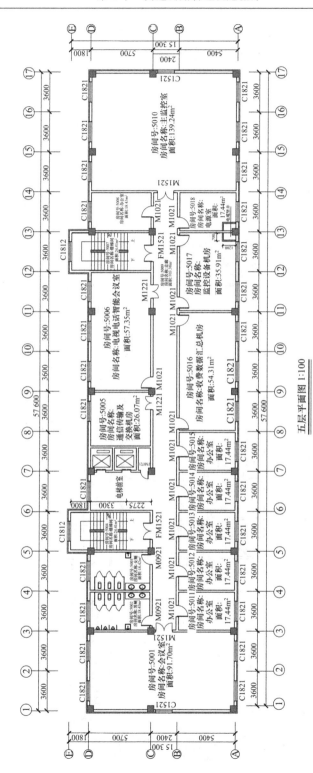

五层平面图 1:100

图 4.4　管理楼五层平面图

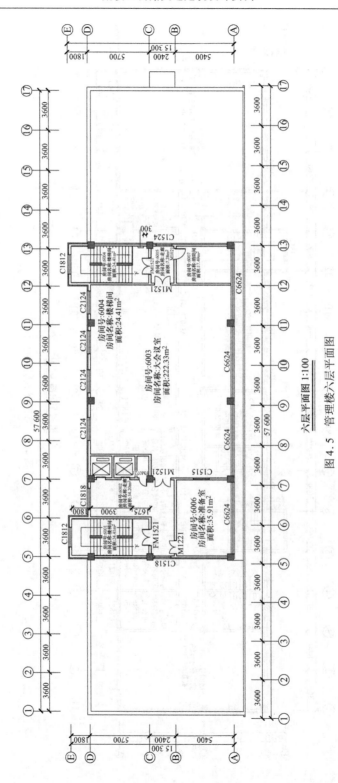

六层平面图 1:100

图 4.5 管理楼六层平面图

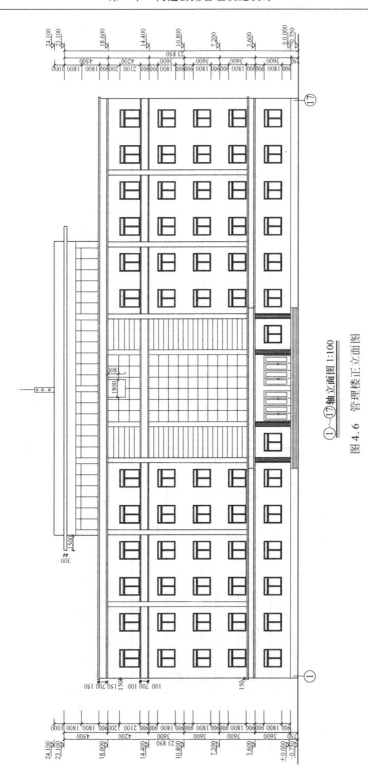

①~⑰轴立面图 1:100

图 4.6　管理楼正立面图

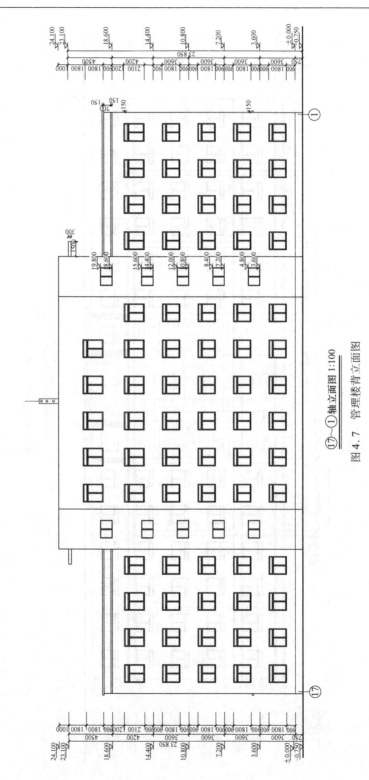

①～⑰轴立面图 1:100

图 4.7　管理楼背立面图

　　建成后的管理楼正面如图 4.8 所示，管理楼监控设备机房、监控大厅、大会议室和小会议室如图 4.9～图 4.12 所示。

图 4.8　管理楼正面

图 4.9　管理楼监控设备机房

图 4.10　管理楼监控大厅

图 4.11　管理楼大会议室

图 4.12　管理楼小会议室

　　监控楼立面设计立足区位环境特征，根据当地建筑风格及城建部门要求，建筑整体采用现代风格，立面简洁、大方，总体布局与当地环境空间相协调。

4.6.2　喀叶墨管理分中心

　　G3012 喀什（疏勒）至叶城县、墨玉县高速公路二期工程位于新疆维吾尔自治区西南部，线路起自喀什地区疏勒县，向东沿 315 国道布线，主要经过喀什地区疏勒县、英吉沙县、莎车县、泽普县、叶城县、和田地区皮山县，止于墨玉县城西部，并与规划的墨玉至洛浦高速公路相接。本工程为 G3012 喀什（疏勒）至叶城县、墨玉县高速公路二期工程管理分中心，位于现叶城公路管理局院内、幸福南路东侧。该管理分中心占地面积为 661.01m²，总建筑面积为 3112m²。

如图 4.13 所示，将叶城公路管理局院内东侧部分原有建筑拆除，新建管理分中心。管理分中心为框架结构，共五层，建筑高度为 20.05m，平面布局为"一"字形，沿场地东侧东西向布置，交通流线清晰，功能分区合理、齐全，满足使用要求。因场地较小，新建建筑和原有办公楼消防间距为 6m。如场地条件允许，消防间距应适当留大一些，并预留环形消防车道，便于消防救援。新建建筑还需满足当地规划部门建筑退界、建筑高度、建筑密度及容积率、绿化率等控制指标要求。

一层主要设置值班室、办公室、休息区、电梯厅、备品备件室、电池室、电源室、餐厅、厨房、库房、热表间、卫生间等。因厨房和餐厅需搬运食材、物资，设于首层较于便利。电源室、电池室设有 UPS 电源设备，荷载较大，设于首层能够减小作用在结构上的荷载及节省造价。一层平面图如图 4.14 所示。

二～四层设有办公室、休息室、阅览室、活动室、卫生间、淋浴间等，满足员工办公需求及备勤期间的生活需求，如图 4.15～图 4.17 所示。

五层设有主监控室、监控设备机房、收费稽查室、办公室、大会议室、卫生间。因主监控室空间较大，需减少设置框架柱，设于顶层也有利于结构计算和节省造价。五层平面图如图 4.18 所示。

建筑设计力求塑造现代气息。正面采用竖向线条，突出建筑高耸、挺拔的体量。通过不同体块的穿插形成建筑动态与静态的统一，玻璃幕墙及石材材质的运用强调了建筑虚与实的对比，在光影的作用下可产生丰富的空间立体感，体现了现代建筑简捷明快、新颖的特征。管理分中心正立面图和背立面图如图 4.19、图 4.20 所示。

四层、五层设有大会议室、活动室、监控室等需要较大空间的房间，需将层高适当加高，避免安装完吊顶后室内空间比较压抑或不满足相关设备安装要求。管理分中心剖面图如图 4.21、图 4.22 所示。

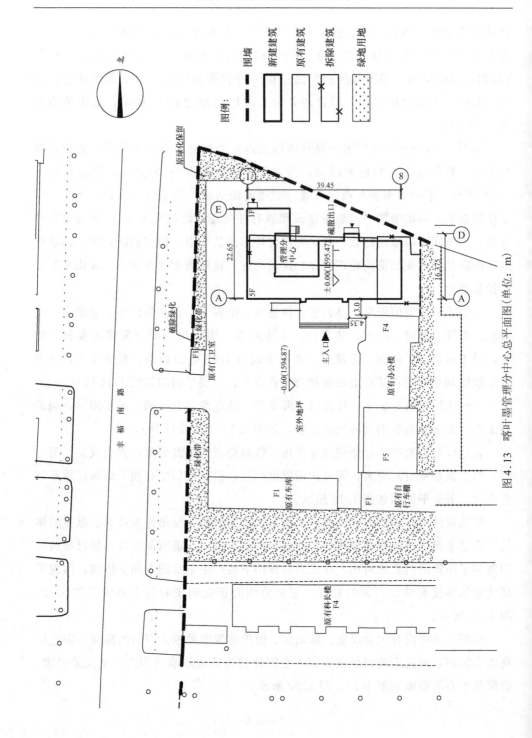

图 4.13 喀叶墨管理分中心总平面图 (单位：m)

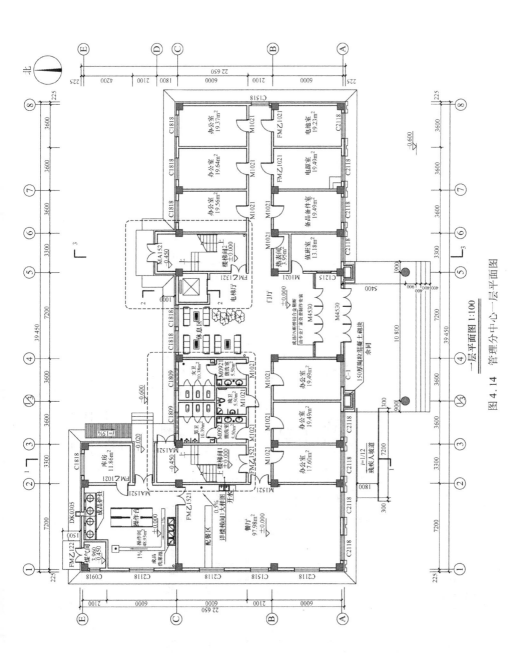

图 4.14　管理分中心一层平面图

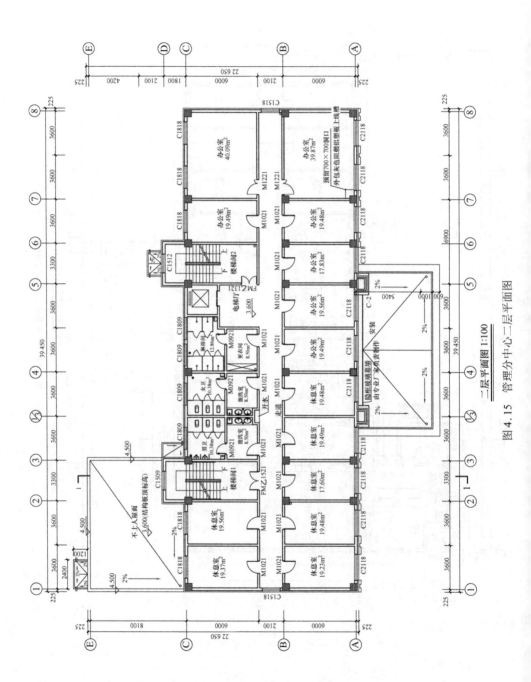

二层平面图 1:100

图 4.15　管理分中心二层平面图

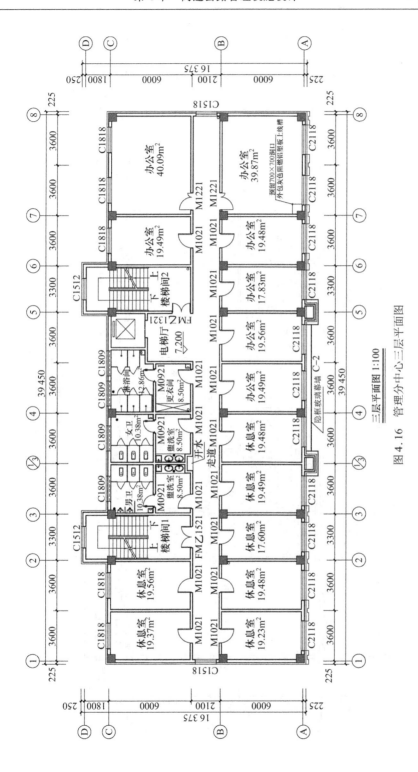

图 4.16　管理分中心三层平面图

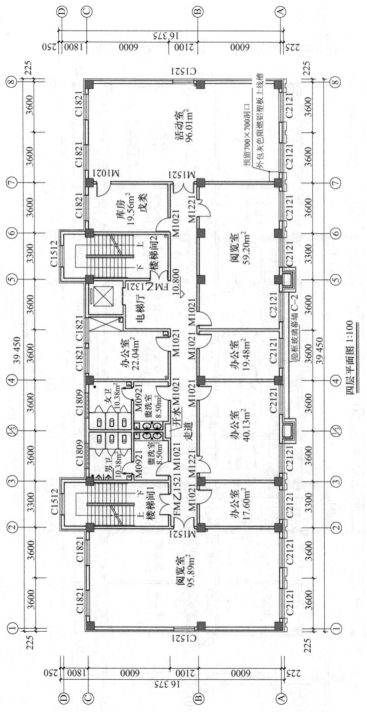

四层平面图 1:100

图 4.17　管理分中心四层平面图

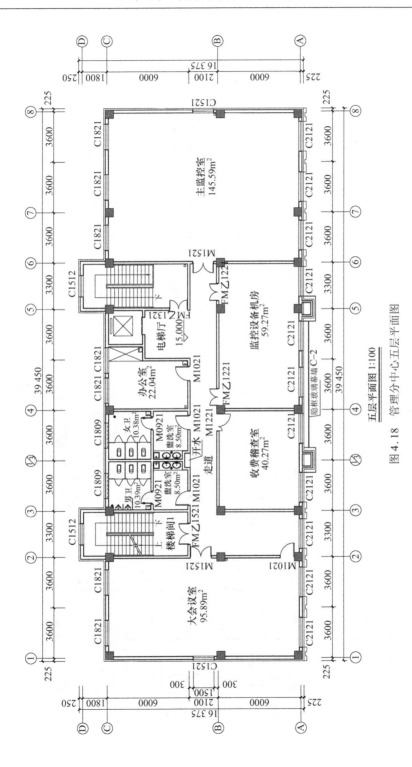

五层平面图 1:100

图 4.18　管理分中心五层平面图

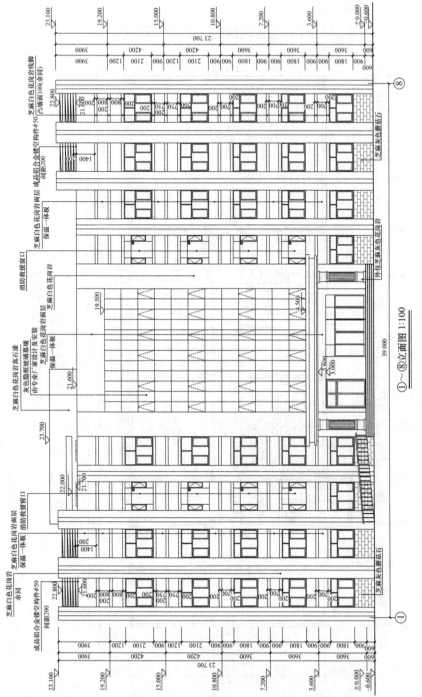

①～⑧立面图 1:100

图 4.19　管理分中心正立面图

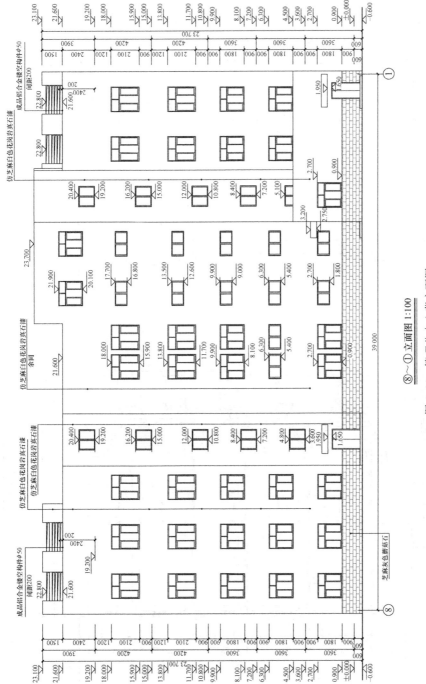

⑧~①立面图 1:100

图 4.20　管理分中心背立面图

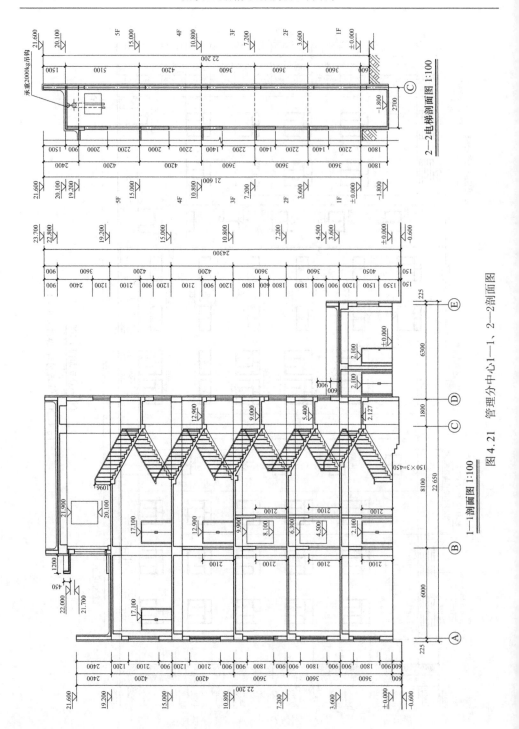

图 4.21 管理分中心1—1、2—2剖面图

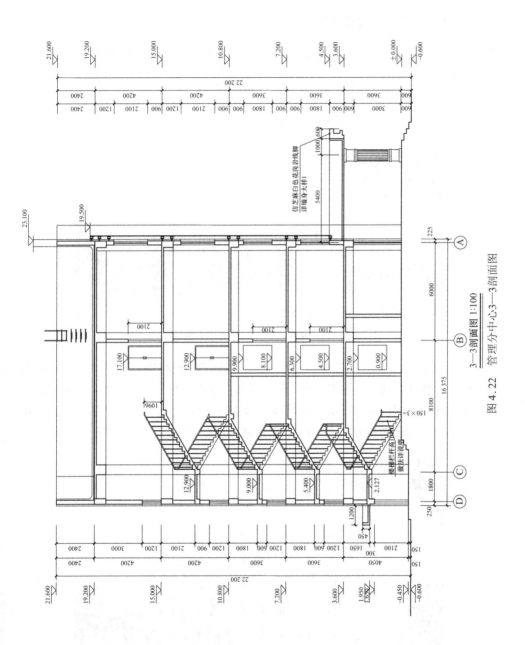

图 4.22　管理分中心 3—3 剖面图

4.6.3 其他管理设施设计实例

连霍高速（G30）新疆境内乌鲁木齐至奎屯段改扩建工程中的石河子管理监控分中心位于现石河子公路管理局院内，采用框架结构，地上三层，建筑高度为12.65m，耐火等级为二级，屋面防水等级为Ⅰ级，占地面积为626.5m²，总建筑面积为1507.34m²，如图4.23所示。

图 4.23　石河子管理监控分中心效果图

S519梧桐大泉—沙泉子高速公路连接线建设项目，路线全长80.117km，沙泉子主线收费站及管理监控分中心位于路线北侧，占地面积为17 333m²。管理监控分中心采用框架结构，地上四层，建筑高度为18.00m，耐火等级为二级，屋面防水等级为Ⅰ级，占地面积为776.52m²，总建筑面积为3140.81m²，如图4.24所示。

图 4.24　沙泉子管理监控分中心效果图

第5章　高速公路养护设施设计

5.1　高速公路养护设施概述

近年来，我国高速公路事业迅速发展，很多公路经过一段时间的通车运营后逐渐进入养护期，尤其是地处荒漠地区的高速公路，经常面临暴晒、大风、大雪、暴雨等极端环境，且昼夜温差较大，因此荒漠区高速公路事业将面临大量的养护任务。

高速公路的养护分为以下几种。

（1）日常养护

对公路各组成部分（包括附属设施）按需要进行频繁的日常作业，其目的是保持公路良好的状态和服务水平。日常养护的作业项目主要有：路面及其他部分的清扫，轻微损坏的修补和零星的设施更换，割草和树木修剪，冬季除雪除冰，以及为恢复偶尔中断的交通进行紧急处理。

（2）定期养护

在公路使用期限内所进行的有一定流程的、较大型的养护作业。定期养护作业主要项目有：辅助设施的改进，路面磨耗层的更新或修复，路面标线、涵洞及附属设施的修复，金属桥梁的重新油漆等。

（3）特别养护

特别养护是把严重恶化的路况改善到原有状态的作业。特别养护作业项目有：加强和改建已破损的路面结构；修复已破坏的路基和涵洞；防治外部因素对公路的损害，如稳定边坡、防治坍方、添建挡土墙、改善排水设施、防治水毁、预防雪崩等。

（4）改善工程

改善工程是对公路在新建或改建时遗留的缺陷进行的改善作业。改善工程项目主要有：改善"卡脖子"路段，提高通行能力；校正路拱和超高，改善行车视距；调整交叉道和进入口，消除事故多发点，保障安全；采取防噪声措施；扩建和改善建筑物和其他设施；添建路旁休息区，以提高公路服务水平等。

5.1.1 养护工区的分级

根据养护工区的功能要求将其分为一级工区、二级工区和三级工区。

1. 一级工区及其基本功能

一级工区是规模最大的养护工区，它处于公路养护网络的枢纽位置，一般采用"点对面"的方式，即以面状养护管理模式对管辖区内的路段进行养护管理。其作业范围大，为规划区域内的其他养护工区服务。一级养护工区存放的设备种类齐全、数量较多，包括完成养护任务所需的原材料，故一级养护工区还可以作为二级养护工区和三级养护工区的原料和养护设备的供给处。通常一级养护工区利用所存放的材料及设备可以完成路基病害、路面大中修、桥涵与隧道等交通设施养护的任务。因此，一级养护工区的服务特点是任务源丰富、服务技术复杂，为实现高速公路养护任务的原材料存储、传输、高效实施提供了保障。

一级工区基本功能如下。

（1）存储功能

一级养护工区要兴建仓库，以保障顺利运送养护所需的机械设备，必要的时候还要在仓库存储用来启动养护设备的机械，如在冬季用来启动养护机械所需的保温设备。

（2）集散功能

一级养护工区处于养护网络的枢纽位置，负责管理和调度一定区域内的所有养护资源，拥有各种先进的养护设备和专业的养护技术人员。一级养护工区把各地原本分散的养护资源集中起来并合理分配，可为山体滑坡、地震等自然灾害造成的公路损毁等提供多区域协调的养护工作。

（3）衔接功能

一级养护工区将养护任务所需要的设备和原材料运送到二级养护工区或者养护需求点，对养护资源的传输起到了衔接作用。

（4）为统计分析提供技术数据

将一级养护工区所管辖的某一时间段所完成的养护工作进行统计、分析，可得出该区域内经常发生的病害类型、养护设备的使用率等数据，建立养护档案，为本地区内将来的养护工作提供技术参考。

（5）预测功能

对病害程度、产生原因进行调查，可得出一级养护工区管辖的区域内经常发生的病害，预测该区域将来需要重点养护的路段，确定最佳的养护方案，从而提高养护效率。

2. 二级工区及其基本功能

二级工区是公路养护网络中具有一定规模的中转站，是养护管理体系中的基层单位。二级养护工区相对一级养护工区处于公路日常养护的次级，存放的养护设备种类、数量较一级工区少。除特殊情况外，二级工区一般不存放道路养护所需的原材料。其所存放的设备仅供完成日常路面养护、小修任务及应对突发事件。二级工区采用"点对点"的运送方式，采用线型养护管理模式，作业范围较大，为本地区的最终养护点服务。

二级养护工区一般可以完成龟裂、车辙、沉陷等路面病害处理及处理一些突发事件。二级养护工区具有以下基本功能。

（1）运输功能

二级养护工区根据所负责服务区域的养护任务把由一级养护工区运输来的原材料和本站配备的养护机械设备在规定的时间内运送到养护需求点。

（2）衔接功能

二级养护工区是一级养护工区的附属单位，相对一级养护工区在公路养护中的枢纽位置而言，二级养护工区负责对较小范围内的公路路段进行养护管理，养护管理的任务也具有一定的针对性，主要是在一级养护工区和养护需求点之间起沟通衔接作用，保证养护任务高效完成。

3. 三级工区及其基本功能

三级工区是三个养护工区中规模最小的工区，其功能位置处于公路养护的末端。三级工区的养护设备和数量较一、二级养护工区少，一般不存放道路养护所需的原材料，所存放的设备只能用于日常巡查、清扫、绿化任务及应对突发性的事件，因此三级工区作业范围较小。

三级工区基本功能如下。

（1）巡视功能

及时对所管辖区内的桥梁、隧道、涵洞、高速公路路基、路面及附属设备进行周期性检查和巡视，对路面上明显的冻胀、翻浆、坑槽、裂缝、拥包、波浪、麻面等病害进行及时的处理；一旦发现重大病害，立即将病害危害程度和发展趋势报告上级工区处理，并定期对高速公路各项技术指标作出评价。

（2）日常养护、小修功能

三级工区的主要任务是对道路进行早期的病害检查及预防性养护，并对道路沿线的附属设施进行日常性的小修保养,在道路出现自然灾害性和突发性事件时能够对道路进行准确、快速的应急处理,针对高速公路路面、路肩、桥梁、隧道、涵洞及道路沿线设施及时进行小修保养,以确保道路的安全畅通,从而达到延长道路使用寿命的目的。

(3) 清扫功能

检查路面上是否有妨碍交通安全的堆积物,并立即清除。及时清除路面上的垃圾,包括道路中央隔离带、隔离栏及边坡上的垃圾,保持路面良好的卫生状况。遇到雨雪天气及时、有效地清除路面、桥面的积水、积雪,防止由于路面湿滑车辆轮胎打滑,确保道路的行车安全。

5.1.2　高速公路养护管理的特点

1. 养护任务的广泛性

高速公路的养护任务除包括对路基、路面、路肩、路边及沿线附属设施进行养护之外,还包括对交通工程设施、道路监控和通信设施、路边照明设施、排水设施和绿化带的维护,以及为保障道路畅通进行的服务设施的维护和管理等。道路养护工作涵盖了建筑工程、园林工程、机电工程、计算机软件工程等多个领域。

2. 养护工作的时效性

道路是国家的基础设施,道路运输是否畅通直接关系到经济的发展,而高速公路在整个运输领域中又占有举足轻重的地位,因此必须保持道路完整的使用性能,当路面发生疲劳损毁或灾害性破坏时要做到及时有效地修复道路损坏的部分,使道路能够及时得到修复,开放交通,达到道路畅通的目的,进而有效提高高速公路运营的综合效益。

3. 道路养护技术的专业性

随着道路使用频率的提高,养护施工需要更高的标准,道路养护要实现机械化、高效性、低碳的养护模式。要达到以上道路养护的要求,还要不断学习、探索和发展新的养护技术。道路养护技术复杂,在养护工作中应该积极引进国内外养护技术的成果,加强道路养护新技术的研究和实践,加快对养护工程新材料的研究、开发和使用,依据养护任务的特性配备综合性的检测设备。

4. 道路养护成本高，企业养护风险大

相比于普通公路的养护，高速公路的养护专业性更强，道路的养护项目较多，养护工程的施工工艺更为复杂，施工机械的规模较大，人工用量大，养护工程的综合养护成本高，所以保持高速公路的正常使用功能和提高其服务水平的成本较高。

5. 养护作业的危险性

高速公路通行承载力大，运输效率高，是交通运输行业的基础，对国家的经济发展发挥了重要作用。为了确保道路运输的畅通，高速公路道路的养护维修一般是在不封闭交通的情况下进行的，但是过高的交通量和养护施工作业现场人员、机械、环境的复杂性给高速公路的养护施工带来了很大的风险。即使养护施工作业时封闭部分交通，车辆行驶至维修段时也将造成道路瓶颈现象。如果养护现场施工管理不规范，没有及时、规范地设置安全警示牌或者行车速度过快等，将增大道路交通事故发生的概率。

5.2　养护设施的总体规划

高速公路养护工区布设是指在一个高速公路路网区域内，选择满足经济性要求的合理位置建设养护工区的高速公路养护站点布局的过程。位置适宜的高速公路养护工区能使养护设备及养护材料以最快的速度到达道路养护需求点，快速修复路面出现的病害，从而及时恢复道路通行能力，延长道路的使用寿命。如果高速公路养护工区选址不当，对出现病害的高速公路将不能及时处理，从而影响道路的运行。因此，高速公路养护工区的选址在高速公路养护管理中占据重要位置。

随着我国高速公路养护规模的不断扩大，设立养护管理片区，建立专业化、规模化的养护工区成为今后养护管理工作发展的必然趋势。为了引导高速公路养护管理科学、有序地发展，遵循高速公路养护管理改革的基本原则，以高速公路养护工区为核心，提出针对我国高速公路养护管理现状的新型高速公路养护管理模式，即政府主导布点，企业竞标入驻，专业考核奖惩。

1. 政府主导，规划布点，设立高速公路养护工区

我国高速公路的管理权大多集中于各省、自治区、直辖市的交通主管部门，

因此在高速公路养护工区的设置和布局中，要坚持由交通主管部门主导，依据高速公路路网分布、养护维修规模等现实状况，考虑影响养护工区规模的各种限制条件，采用运筹学图论、多源离散选址、最短路径和混合整数规划等选址理论，探求养护成本最低、配置最优、效益最高的养护工区设置方案，并据此设立高速公路养护工区，为区域内高速公路的养护维修提供快捷的服务。随着我国高速公路路网的初步形成，高速公路规模不断扩大，早期铺筑的高速公路开始进入大规模养护管理阶段。养护区域内的道路养护里程、养护规模逐渐趋于稳定，设立辐射区域内高速公路的养护工区逐渐成为必然的发展趋势。

　　2. 建立准入制度，进行市场化运作

随着我国市场经济体系的逐渐成熟，高速公路建设和经营体制进行了企业化改革，为高速公路养护管理市场化提供了有利的体制环境和市场环境；近年来，国家制定了一系列政策，为推进高速公路养护等公用服务设施的市场化提供了可靠的政策环境；高速公路自身的经济属性则为高速公路养护管理的市场化提供了切实的可行性。因此，不论是从市场经济环境、高速公路产业化环境，还是从政策环境及高速公路自身的经济属性来看，高速公路养护管理的市场化都是社会主义市场经济发展的必然趋势。

　　3. 专业机构测评，实行考核与奖惩

我国高速公路建设事业的迅猛发展促使高速公路养护管理行业逐渐步入高品质养护服务和养护管理制度革新的新阶段，对高速公路养护管理的要求日益提高。高速公路的养护质量管理是高速公路养护管理中的一项重要内容，如何准确、客观地评价运营中高速公路的养护质量，既是高速公路养护工作实现制度化、规范化的需要，也是加强行业管理和提高服务水平的需要。因此，高速公路养护维修工作的考核评定是规范日常养护管理、确保养护工作质量的必要手段。

高速公路养护工区的布设必须选择满足工程性和经济性要求的合理位置，使养护设备及材料能以最快的速度从养护工区到达道路养护需求点，迅速修复路面出现的病害，及时恢复道路通行能力。因此，养护工区的建立必须综合考虑养护任务、路网状况和经济因素的影响，并遵循以下原则：

　　1）养护工区与养护需求点之间的距离应尽量短，以提高养护工作的时效性，降低养护材料的运输费用。

2）各工区的养护任务要均衡，避免出现养护里程不均、养护材料浪费的情况。

3）养护工区尽可能布置在高速公路交叉点附近，增大养护工区的辐射范围。

4）道路养护应高效、经济、节能、环保。

5.3　养护工区设计

由于养护是新疆公路管理工作的重点之一，是近期需要首先确保的，所以养护设施的建筑规模初期应满足养护工作的需要，远期随着机械化养护技术水平的提高，建筑规模应逐渐减小。

通过现状调查，梳理养护站、养护工区的职能，发现新疆地区养护站、养护工区的设施与通用规范的要求基本相同，除了办公室、养护机械库、养护机械维修库、车库及食宿、供水取暖配电等附属用房，还包括适量的应急物资储备库房。

养护工区侧重于冬季养护，机械设备需求种类比养护站少。

养护工区主要用于停放应急车辆、储备应急物资，供受困人员休息。工区不设受困车辆停车场，受困车辆原地等待救援。春、夏、秋季员工不住站，仅承担日常设备维护管理工作，确保冬季设备无故障；冬季防风雪保畅通期工作人员住站，确保紧急情况下道路通畅。

5.3.1　养护人员

公路养护是一项持续性的工作，养护工人的工作强度也较高，为了不危及养护工人的身体健康，保证养护工作质量，下班时养护工人要按时休息，还要对公路养护人员进行定员管理，控制工人的劳动强度。目前，新疆境内的公路养护单位都是公益事业机构，根据定员标准，公路养护单位养护用工缺口是单位编制数的 2～3 倍甚至更多。参照交通运输部 2010 年 4 月发布的《公路劳动定员》JT/T 772—2010，各公路管理局养护人员的定员差异化较大，且配置不均。

5.3.2　应急物资储备

按每处供点式应急保障基地支持 100km 路段应急物资储备任务，在冬季保畅通情况下，一般不会保证所有道路同时通畅，按要保证 100km 公路，撒布次数为 6 次计算，则每处供点式应急保障基地需配置融雪剂为 $40 \times 6 = 240$（吨）。

5.3.3　养护机械

　　交通运输部明确提出公路养护管理的方针是"全面规划，协调发展，加强养护，积极改善，科学管理，以法治路，保障畅通"。在实际养护工作中，应推广应用先进的养护技术和科学的管理方法，改善养护生产手段，提高养护技术水平，大力推广和发展公路养护机械化。部分公路养护机械如图5.1～图5.4所示。

图5.1　车载雪犁式除雪机

图5.2　平地机

图5.3　装载机

图5.4　破冰碾

　　养护机械设备的配置主要根据公路病害处治工艺的要求确定。公路管理部门在制定总体规划时，应根据具体情况制定机械设备发展规划，有计划地配置、更新设备，不断提高装备水平和机械化养护水平。养护机械配置应体现经济、适用、高效、因地制宜及主动预防性养护与公路病害维修相结合的原则，体现技术的进步。养护机械的种类应大、中、小相结合，专用机型与多功能机型相结合。应以主要养护工序完整、作业效率高、保证养护质量为原则，确定基本养护机械的种类、功率和技术水平。

必须配置的养护机械有平地机、扫雪车。参考国外的情况及国内的实践经验，一般每 30km 配备 1 辆除雪车才可以满足除雪的及时性要求。考虑到新疆地区的养护站已经设置了一定数量的扫雪车，将供点式应急保障基地的 30km/车调整为 60km/车；按每处应急保障基地支持 100km 计算，则每处应急保障基地需配置扫雪车 2 辆，平地机 1～2 辆，需要车库 4～5 间。

5.3.4　养护工区

根据现场调研，新疆地区的养护工区主要包括办公室、会议室、班组活动室、值班室、职工食堂、男女卫生间、职工书屋、宿舍及必要的变配电室、水泵房、锅炉房、车库等。

1. 职工食堂

养护工区职工食堂包括餐厅、操作间、主副食仓库等，参照有关餐饮业用房设计标准并结合实际使用情况设计。

2. 办公室

办公室除有特殊要求的房间外，一般都按单间设计，常按 3300～3600mm 的开间、5100～5400mm 的进深设计。办公室的人均使用面积不应小于 3m^2。

3. 会议室

根据各个地区的经验指标，可以按人均会议室面积指标来确定会议室使用面积。无会议桌的会议室面积指标为 0.5m^2/人，有会议桌的指标为 2.3m^2/人。

4. 班组活动室、健身房、职工书屋等

养护工区位置偏僻，为丰富工作人员单调的日常生活，应考虑设置适量的文化娱乐设施用房，如班组活动室、健身房、职工书屋等。该部分根据调研得出经验数据，确定每个功能房间的面积。

5. 宿舍

宿舍是影响养护工区规模的主要因素，因工作人员或应入住人员多少而异。新疆地区的养护工区大多远离城市，用水、用电困难，因此新疆地区的养护工区宿舍应考虑全部住站人员的数量。根据现场调研，目前新疆地区的养护工区宿舍一般按照两人间布置。养护工区的住宿用房一般为长廊式宿舍，即公共走廊服务两侧或一侧居室。养护工区的宿舍参照收费站宿舍面积指标确定。

6. 配电室、水泵房

（1）配电室

配电室建筑面积主要取决于用电设施的用电负荷、负荷等级与供电方式等。

1）按照相关规范的要求，将公路范围内的电力负荷根据其重要性和中断供电产生的影响程度分为下列三级：

一级负荷包括通信、监控、收费系统设备用电；

二级负荷包括安全疏散及消防、收费亭空调、收费天棚、管理中心照明；

三级负荷包括收费广场照明、互通收费站、空调等生活设施。

收费站的三级负荷亦可视二级负荷供电情况有选择地投入二级负荷。

2）供电方式。房建区各站点的供电采用就近引一路 10kV 可靠电源，并按负荷分类情况在各站点配置一台相当容量的柴油发电机组作为备用电源，以满足一、二级负荷用电要求。

3）变配电所主要设备选择。10/0.4kV 变配电所的电力变压器建议主要采用节能干式铜芯电力变压器。变压器高压侧为 10kV，低压侧为 400V。为适应 10kV 电源电压的偏移，高压侧设电压分接头，并设 ±0、±5％ 的变压器分接头。变压器要求噪声低、体积小、空载损耗少，高压线圈局部放电小，变压器绝缘性能好、机械强度高、阻燃防潮。所有高、低压开关柜要求为全密闭金属柜，防护等级为 IP22。

4）自备电源。为保证沿线设施二级负荷用电、变配电所等设备用电，建议每个站点配备一台可连续运行 8 小时的高速柴油发电机组，带无刷自动励磁装置。在发电机房内设置快速自启动和电源自动切换装置。机组始终处于准备起动状态，在市电断电以后 15 秒内柴油机完成起动并带动负荷运行。市电恢复后，机组能自动退出工作并延时停机。机组设有二次自起动操作，并可以人工手动控制。柴油发电机组的起动采用蓄电池组，不采用压缩空气。

发电机房要求通风、防潮，有利于排烟、减振、降噪。机房位置要求与主体建筑保持一定距离。各变配电所设有手提灭火装置、电源自动切换装置，蓄电池组设于发电机房内。

确定配电室面积的主要方法有：

1) 根据变配电所供电负荷等级、沿线设施所在位置外部供电条件确定合适的供电方式，通常为一路 10kV 可靠电源，并按负荷分类情况在上述各站点配置一台相当容量的柴油发电机组作为备用电源。

2) 根据供电方式、供电的负荷等级、负荷大小、回路数量选择变压器规格、高低压柜规格与数量和相应容量的柴油发电机规格。

3) 根据确定的设备型号，依据《20kV 及以下变电所设计规范》GB 50053—2013、《民用建筑电气设计标准》GB 51348—2019 等标准确定配电室的布局。

4) 根据不同的布局估算配电室的建筑面积。

（2）水泵房

水泵房根据设备的功能布局，主要分为生活水泵房、消防水泵房和消防水池、控制室等几部分，其设计应能满足防火、防爆、防电、降噪、排污和设备的运输、安装及值班人员生活起居的需要。

水泵房建筑面积主要取决于生活给水方式及生活用水量、消防用水量、外部供水条件等。

1) 给水分类。按照相关规范的要求，供水系统主要包括生活给水系统、室外消火栓给水系统、室内消火栓给水系统、喷淋给水系统。

2) 给水方式的选择。生活给水方式主要分为三类：

① 市政给水（地下深井水）＋生活水塔供水方式，用于市政给水（地下深井水）在用水高峰不能满足水量或水压要求的供水情况，平时可满足供水要求。

② 市政给水管道（地下深井水）＋生活水箱＋变频调速供水设备，用于市政给水（地下深井水）不能满足供水（水量、水压）要求，需进行调储并二次加压的场所。

③ 市政给水（地下深井水）直接供水方式，用于市政给水（地下深井水）能满足供水（水量、水压）要求的场所。

消防给水一般采用消防水池＋消防泵的供水模式。

3) 确定水泵房建筑面积的基本方法。

① 根据外部水源的情况确定生活给水方式，确定是否设置生活水箱及变频调速供水设备。根据房建区使用人数及用水定额确定生活水箱及供水设备的规格型号。

② 根据最大的一栋建筑物的体积及建筑性质确定消防给水系统的种类及消防用水量，计算消防水池的容积及消防水泵的规格、数量。

③ 根据《泵站设计规范》GB 50265—2010 等国家标准确定建筑布局。

④ 根据不同的建筑布局估算水泵房的建筑面积。

5.4　养护设施设计实例——G314 线奥依塔克镇—布伦口段公路建设项目盖孜养护工区

新疆的公路网即将进入全面养护的时期，对于公路养护的要求也将随之提高。规划新疆公路沿线的养护设施，首先应对公路沿线养护设施的现状加以了解，分析其存在的主要问题，以更合理地布局沿线的养护设施，最大限度地发挥其效益，满足公路养护的要求，让各族人民走得更畅通、更安全。

1. G314 线奥依塔克镇—布伦口段公路建设项目工程简述

本项目是 8 条国际大通道之一，是交通运输部规划的西部开发公路大通道的重要组成部分，是贯穿南疆经济带最重要的公路之一，在国家和新疆维吾尔自治区路网中均占有重要地位。项目路线起于 G314 线 K1548＋600 路基变窄处，终点为布伦口水库淹没段改建项目——G314 线布伦口水库段公路改线工程的起点，终点桩号为 K1618＋684.400，主要控制点有项目起点、奥依塔克村、托卡依村、盖孜边防检查站、老虎嘴、布伦口一级水电站、古驿站遗址、项目终点。

2. 盖孜养护工区项目概况

(1) 地理环境

本项目位于新疆维吾尔自治区西南部，塔里木盆地西南的西昆仑山腹地，该区域在强烈的新构造运动和外应力作用下形成多种地貌类型，具有明显的分带性。项目所在地南部以高山地貌为主，海拔均在 3000m 以上，相对高差较大，侵蚀切割作用强烈。项目所在地东北部则主要为中山地貌，海拔 2000～3000m，剥蚀切割作用强烈，多见山谷地貌。盖孜河自南至北贯穿整个项目区，南部高山区河流侵蚀下切作用强烈，沟谷较深，多为 V 形；北部即盖孜河下游多为宽敞的河床沟谷地貌，堆积作用明显。这里奇特的自然景观令人耳目一新。森林景观与公格尔九别峰相映衬，尤其是每年夏季松涛滚滚，芳草萋萋，山花烂漫，听着山雀、百灵的歌唱，迎着轻轻吹来的凉风，令人心旷神怡。侧面高山飞瀑如银练，对面时见雪崩咆哮而下，景色蔚为壮观。大自然的神来之笔把静与动、柔与刚完美地糅合在奥依塔克风景区，令人叹为观止。每年夏季游人纷至沓来。奥依塔克镇属温带大陆性干旱气候，年均气温 7.8℃，主要水系为盖孜河，水利资源较丰富。其旅游资源有闻名遐迩的自治州冰川公园等，风景秀丽，气候凉爽，是避暑和旅游的理想场所（图 5.5）。

图 5.5　项目周边地理环境

（2）工程概况

新建盖孜养护工区拟利用原盖孜道班（图 5.6）进行扩建，与盖孜边防检查站相距 200m，与老虎嘴隧道入口相距 4km，桩号位于 K1588+800 附近。

本工程达到《新疆公路沿线设施建筑规模指标》规定的Ⅲ类养护道班，管养里程为 168km。公路局与路政局提供的工作人员数量分别为 69 人与 6 人。办公室、会议室按《党政机关办公用房建设标准》，办公室使用面积为 75 人×6m²/人＝450m²，会议室使用面积为 75 人×2m²/人＝150m²；宿舍使用面积按《新疆公路沿线设施建筑规模指标》取值，为 9.15m²/人×75 人≈686m²，办公室、会议室、宿舍总使用面积为 1286m²。施工图设计阶段办公室、会议室、宿舍总使用面积为 815.13m²，小于相关规定。加上厨房、餐厅、卫生间、盥洗间、楼梯走道门厅等交通面积及机械库、锅炉房和水泵房，本养护工区总建设规模符合《新疆公路沿线设施建筑规模指标》中Ⅲ类养护道班建设规模为 2225～2690m² 的标准。施工图设计中该养护工区总建设规模为 2314.88m²。

盖孜养护工区原道班用地面积为 2680.10m²，总建筑面积为 617.21m²，建筑单体均为一层砖混结构。外部供电为发电机供电，供水方式为水渠取水，无采暖设施。施工图设计中在原道班场区北侧进行扩建，新增用地面积 6798.87m²，主要包括养护房屋 2164.08m²、水泵房 150.80m²，总建筑面积 2314.88m²，绿化面积 1596.47m²，场区内混凝土地坪面积 4303.40m²。养护房屋与道路平行，

图 5.6　原盖孜道班现场

院落主入口与养护房屋主入口对应，距正面围墙 35m，便于使用及机械进出。水泵房布设在场区右侧，局部设有绿化区。整个场区布局合理，车流、人流互不干扰，流线通畅。同时，充分利用围墙周边及建筑周围设置的绿化带，美化环境和生活空间，构成绿化与建筑、工作、生活相辅相成的对话关系（图 5.7）。

盖孜养护工区外部供水采用盖孜河河道引水，水质已经过相关部门检测，并征得盖孜河流域管理局的同意。外部供电由隧道高压线路引入配电室，采暖方式根据自治区公路管理局的要求由锅炉采暖改为电热采暖，生活污水排入化粪池。

（3）建筑设计

盖孜养护工区养护房屋建筑面积为 2164.08m²，建筑层数为三层，为钢筋混凝土框架结构，建筑高度为 13.05m。

结合新疆的地域特点和项目沿线的自然历史人文环境，根据自治区交通厅、交通建设管理局的要求，设计转变思路、更新观念，按照"经济、适用、美观、注重环保"的要求，在设计中贯穿以人为本的理念，充分考虑管理养护建筑的功能需求，因地制宜，注重建筑与当地环境的协调，节约用地，保护环境。

单体建筑平面设计采用最经济的"一"字形，一层设有门厅、值班室、餐厅、厨房、配电间、机械库、车库等（图 5.8），机械库可停放四辆大型机械，车库可停放两辆小车；二层设有路政办公室、财务室、资料室、监控室、休息室、男厕、男淋浴间等（图 5.9），档案室使用面积为 19.34m²，休息室使用面积为 18.43m² 左右，均为普通三人间；三层设有大会议室、休息室、女厕、女淋浴间等（图 5.10），休息室使用面积为 18.49m² 左右，均为普通三人间。整体布局功能分区明确，工作与生活互不干扰且联系方便，最大限度地提高使用率。

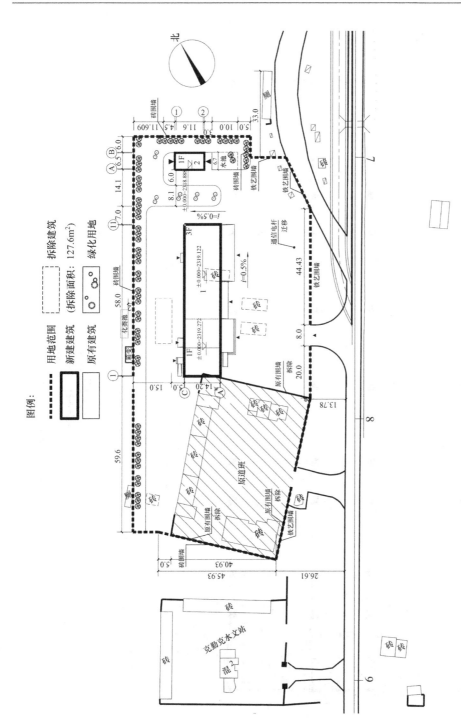

图 5.7　盖坎养护工区总平面图（单位：m）

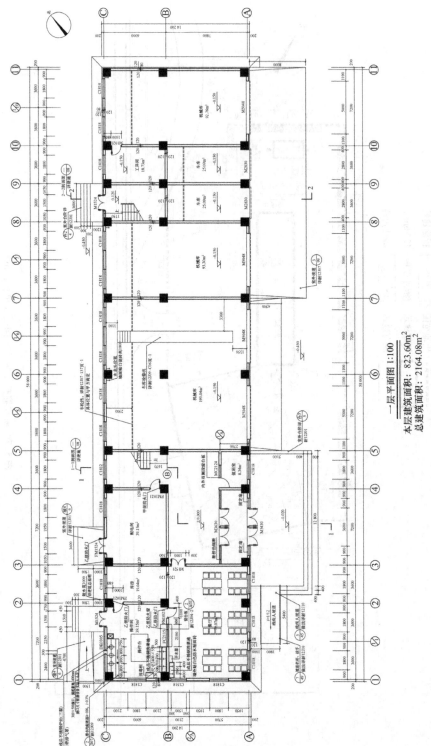

一层平面图 1:100

本层建筑面积：823.60m²
总建筑面积：2164.08m²

图 5.8　盖攻养护工区养护房屋一层平面图

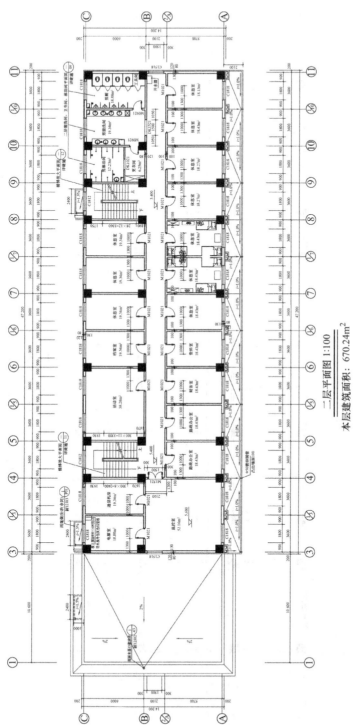

二层平面图 1:100

本层建筑面积：670.24m²

图 5.9　盖孜养护工区养护房室二层平面图

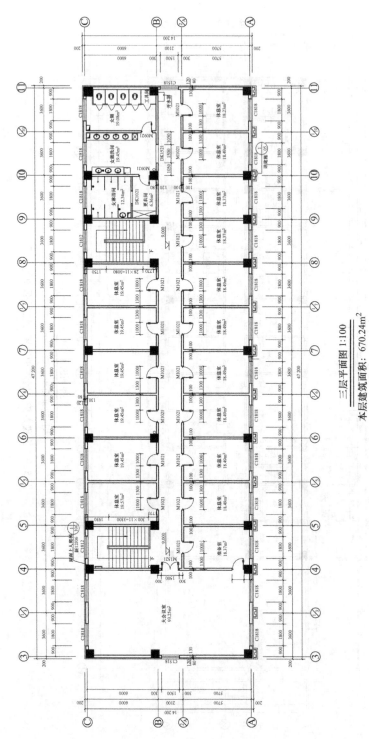

三层平面图 1:100

本层建筑面积：670.24m²

图5.10 盖孜养护工区养护房屋三层平面图

立面设计遵从周边传统建筑的形态和历史文脉，充分考量建筑的体量和材料等因素，与周边建筑体量协调。养护房屋采用坡屋顶形式，与周围的自然山体轮廓相呼应，减小了屋面的尺度感，形成了丰富的轮廓界限，如图 5.11、图 5.12 所示。

图 5.11　盖孜养护工区效果图

图 5.12　盖孜养护工区现场

3. 盖孜养护工区设计小结

1）设计前期在功能需求方面要充分征求接养单位的意见，并及时沟通，落实已完成的工作内容，避免发生重大变更。

2）盖孜养护工区为原址改扩建，在设计前期应充分调研，明确场地规划设计的内容。项目前期需对沿线进行详细的踏勘，收集项目所在地的地形地貌、周边构筑物、管网、外水外电等资料。根据外业调研情况进行场地规划设计，设计的具体内容包括空间关系、功能组织、风格特色三个方面。要紧密结合实际情况，科学优化设计，紧贴施工工艺，体现人性化设计。

3）公路的养护设施不但要美观、大方，而且要与公路和周边环境相适应、相协调，达到形成公路亮点、树立公路形象、提升公路档次的目标。在设计过程中还要注意考虑使用者的诸多要求。

第6章　汽车客运站设计

6.1　汽车客运站概述

6.1.1　客运站的基本概念

当前，我国综合交通运输已经进入各种方式融合交汇、统筹发展的新阶段。综合交通运输的关键是推进各种运输方式从分散发展转向一体化和集约化发展。综合客运枢纽是综合交通运输体系的重要组成部分，是各种对外运输方式之间及与城市交通之间实现有效衔接和一体化客运组织的关键节点。综合客运枢纽主要有公铁衔接型、公航衔接型及公水衔接型。长期以来，受多种因素的影响，新疆综合客运枢纽建设相对落后，各种运输方式的站场大多各自规划、分别建设、自成系统，连接城市内外多种交通方式的大型、立体化客运枢纽严重缺乏，荒漠区综合客运枢纽少之又少，而荒漠区地广人稀、路途遥远，城市、村镇主要靠公路连接，服务旅客的主要场所是客运站，因此本章主要介绍荒漠区汽车客运站的相关情况。

客运站是各类交通工具在长、短途客、货营运过程中停靠和休息的场所，是旅客与货物产生空间位移的起点与终点。汽车客运站具有集散换乘、运输组织、信息服务、辅助服务等功能，是为公众出行和运输经营者提供站务服务的场所，是道路旅客运输网络的节点，是公益性交通运输基础设施。

汽车客运站主要从事客运业务的营运，其主要任务是：

1) 办理出行手续，如发售车票，办理行包收运、保管、装卸、发送和交付。

2) 组织旅客有秩序地候车，做好检票、验票等工作，并组织旅客安全、迅速地上车。

3) 为暂时滞留的旅客提供就餐、住宿、购物、娱乐等便利条件。

6.1.2　客运站的分类

根据交通依附客体的不同，客运站分为水路轮船客运站、公路汽车客运站、铁路火车客运站及空运民航客运站。汽车客运站按规模分为以下三类：

　　1）等级车站：具有一定规模，可按规定分级的车站。

　　2）便捷车站：以停车场为依托，具有集散旅客、停发客运车辆功能的车站。

　　3）招呼站：在公路与城市道路沿线，为客运车辆设立的旅客上落点。

6.1.3　客运站的组成与功能

　　1. 客运站的组成

　　根据客运站建设项目的功能定位、客运流程要求及工艺设计，按照交通运输部有关标准及规范，客运站的主要建筑与设施包括站务用房、办公用房、辅助生产服务设施、场地设施、配套工程、道路及绿化工程等。

　　（1）站务用房

　　站务用房是客运站重要的建筑实体，主要包括候车厅、售票厅、重点旅客候车室、行包托运处、行包提取处、综合服务处、调度室、治安室、广播室、厕所、办公用房、旅客集散中心等。

　　（2）办公用房

　　客运站除了为旅客提供站务服务外，还要进行行政办公，并为旅客提供购物、餐饮、旅游集散等服务。

　　（3）辅助生产服务设施

　　客运站是旅客和车辆聚集的场所，除了满足旅客的各种需求之外，为参营车辆提供良好的服务也是客运站的重要功能。客运站的辅助生产服务设施主要包括车辆安全监测台、车辆清洗清洁设施、采暖设施、供电设施、消防设施等。其他辅助生产设施要根据场地的具体布局，结合车站的业务流程合理规划与建设。其中，车辆交通安全是旅客服务工作的重点和难点，车站应成为道路运输车辆安全的管理点。

　　（4）场地设施

　　客运站的场地设施主要包括站前广场、停车场、发车位、到车位等。根据新建客运站的需要，分别建设站前广场、车辆待发车位、车辆发车位、公交停车场、充电站、社会车辆停车场、公交车停靠站和出租车停靠岸线等。

　　（5）配套工程

　　配套工程主要包括给水排水工程、通风工程、变配电系统、照明配电系统、建筑物防雷系统、接地安全系统、消防系统、监控系统、公交充电站等。

　　（6）道路及绿化工程

　　道路及绿化工程主要包括客运站出入口路面工程、停车场和站前广场路面工程、道路和广场绿化及景观工程等。

（7）道路交通组织

道路交通组织主要包括车辆出入口交通组织、客运站内外部交通组织、单向交通组织、停车组织和禁行交通组织等。

2. 客运站的主要功能

公路客运站场是以汽车作为交通工具，在长、短途客运过程中从事旅客集散、客运组织、车辆存放、车辆维修等服务活动的经营场所，是旅客产生位移的起点与终点。在旅客运送的全过程中，客运站始终起着组织、协调、安全与技术保障和监督运输市场的重要作用。汽车客运站的主要功能有运输服务、运输组织、中转换乘、多式联运、通信、信息服务及辅助服务等。

（1）旅客运输服务与组织功能

旅客运输服务功能主要体现为售票、行包托运提取、候车、问询、小件寄存、广播通讯、检票、组织旅客上下车、安排运营车辆班次、制定发车时刻、提供车辆安全检查等旅客运输服务活动。

旅客运输组织功能主要包括：客流组织与管理，即通过运输组织与管理，收集客流信息和客流变化规律的资料，根据旅客流量、流向等合理安排营运线路，开辟新班线、班次；运力组织与管理，即通过向社会提供客源、客流信息，吸纳和组织各种营运车辆进站经营，运用市场机制协调客源与运力之间的匹配关系，使运力和运量保持相对平衡；运行组织与管理，即办理参营车辆到发手续，组织客车按班次时刻表准点发车，实现合理的车辆调度等。

（2）车辆调度与信息服务功能

利用计算机等设备和网络，连接全县、全市乃至全省（区）的信息平台，通过信息中心实现信息互通、资源共享，为旅客运输经营者提供迅速、及时、准确的信息服务。车站应利用站内的计算机和通信设备，及时整理、汇总与分析收集的客流信息，为经营企业或政府部门进行宏观决策提供基础数据。还可以利用本站连接城乡的优势和信息资源优势，既为城乡旅客提供运输车辆信息，也为城市公交车辆提供车辆调度信息，及时、迅速、准确地进行信息传递和信息交换，实现车站车辆调度与信息服务的功能。

（3）辅助服务功能

客运站建设项目除了能完成旅客运输等主营业务外，还可开展车辆清洗维修与检测、旅游集散、旅客住宿等业务，一方面能够保证旅客运输服务质量，另一方面，通过开展多种经营、综合服务业务，车站可获取更大的效益，特别是当建设地有着悠久、丰富的历史文化底蕴，民族文化特色突出，旅游资源丰富时，旅游服务的发展在一定程度上将缓解客运市场持续冷淡的现状。

6.2　汽车客运站总体规划

6.2.1　客运站设计规模

汽车客运站的规模等级决定着客运站的建设规模及设施设备配置，而确定其规模等级的依据为车站设计年度的旅客日发送量。依据交通运输行业标准《汽车客运站级别划分和建设要求》JT/T 200—2020，设计年度为车站建成使用后十年内旅客发送量最大的年份；旅客日发送量为设计年度平均每日始发旅客的数量，简称日发量。

日发量是反映客运站场建设规模和运送能力的重要指标，也是站级评定和确定各类设施规模的主要依据。客运站规模预测一般立足于当地经济社会和交通运输发展现状，深入分析当地经济社会及交通运输发展的趋势和特点，研究社会经济、人口与交通运输、旅游集散的内在联系（如拟建场地含客运、公交停车场，容易形成人员汇流，对汽车客运站旅客发送量及日均旅客发送量的提升有很大帮助），结合当地城市总体规划、地理区位、市场需求特征及公路运输在当地的地位，分析未来客运发展趋势。通过相关因素的分析，选择适当的预测方法和预测模型，对旅客运输量和旅客发送量进行预测，并在此基础上对新建汽车客运站的客运量发展水平做出科学、合理的预测，确定汽车客运站设计年度的日发量。

依据交通运输行业标准《汽车客运站级别划分和建设要求》JT/T 200—2020，以设施与设施配置、日发量为依据，将车站等级从高到低依次分为一级车站、二级车站、三级车站。

（1）一级车站

设施与设备符合表6.1和表6.2中一级车站的配置要求，且具备下列条件之一：

1）日发量在5000人次及以上的车站。

2）日发量在2000人次及以上的旅游车站、国际车站、综合客运枢纽内的车站。

（2）二级车站

设施与设备符合表6.1和表6.2中二级车站的配置要求，且具备下列条件之一：

1）日发量在 2000 人次及以上、不足 5000 人次的车站。

2）日发量在 1000 人次及以上、不足 2000 人次的旅游车站、国际车站、综合客运枢纽内的车站。

（3）三级车站

设施与设备符合表 6.1 和表 6.2 中三级车站的配置要求，且日发量在 300 人次及以上、不足 2000 人次的车站。

（4）便捷车站

设施与设备符合表 6.1 和表 6.2 中便捷车站配置要求的车站。

（5）招呼站

设施与设备不符合表 6.1 和表 6.2 中便捷车站配置要求，具有等候标志和候车设施的车站。

表 6.1 汽车客运站设施配置

设施类别与名称			一级车站	二级车站	三级车站	便捷车站
场地设施	换乘设施	公交停靠站	●	●	●	○
		出租车停靠点	●	●	●	—
		社会车辆停靠点	●	○	○	—
		非机动车停车场	●	○	○	○
	站前广场		●	○	○	—
	停车场（库）		●	●	●	●
	发车位		●	●	●	○
建筑设施	站房	候车厅（室）	●	●	●	●
		母婴候车室（区）	●	●	○	—
		售票处（厅）	●	●	●	○
		综合服务处	●	●	○	—
	站务用房	小件（行包）服务处	●	●	○	○
		治安室	●	●	○	○
		医疗救护室	○	○	○	—
		饮水处	●	●	○	○
		盥洗室与旅客厕所	●	●	●	●
		无障碍设施	●	●	●	●
		旅游服务处	●	○	○	—
		站务员室	●	●	○	—

续表

设施类别与名称				一级车站	二级车站	三级车站	便捷车站
建筑设施	站房	站务用房	调试室	●	●	○	—
			智能化系统用房	●	●	○	—
			驾乘休息室	●	●	●	○
			进、出站检查室	●	●	●	●
			办公用房	●	●	○	○
	辅助用房	生产辅助用房	车辆安全例检台	●	●	○	○
			车辆清洁、清洗处	●	○	○	—
			车辆维修处	○	○	○	—
		生活辅助用房	驾乘公寓	○	○	—	—
			商业服务设施	●	●	○	—

注：●表示应配置；○表示视情况配置；—表示不作要求。

表 6.2　汽车客运站设备配置

设备名称		一级车站	二级车站	三级车站	便捷车站
服务设备	售票检票设备	●	●	●	○
	候车服务设备	●	●	●	●
	车辆清洁清洗设备	●	○	—	—
	小件（行包）搬运与便民设备	●	●	○	○
	广播通信设备	●	●	○	○
	宣传告示设备	●	●	●	●
	采暖/制冷设备	●	●	○	—
安全设备	安全检查设备	●	●	●	●
	安全监控设备	●	●	●	●
	安全应急设备	●	●	●	●
信息网络设备	网络售、取票设备	●	●	○	—
	验票检票信息设备	●	○	○	○
	车辆调度与管理设备	●	○	—	—

注：●表示应配置；○表示视情况配置；—表示不作要求。

6.2.2　客运站的选址

根据《汽车客运站级别划分和建设要求》JT/T 200—2020 的要求，客运站选址要符合以下原则：

1）车站应纳入国土空间规划体系。

2）车站应与公路和城市道路、其他运输方式场站有效衔接，方便旅客出行换乘。

3）车站应避开地质灾害区域。

4）车站应方便与电力网、给排水网、排污网、通信网等城市公用工程网系衔接。

5）车站应集约节约用地，宜综合、立体开发。

6）车站应留有发展用地。

6.3　汽车客运站总平面设计

6.3.1　业务及流程流线设计

客运站总平面设计在整个建筑设计过程中的地位十分重要，关系到建筑建成后的运营是否合理、管理是否方便，并影响建筑的总体特征，而客运站的总平面设计与客运站的业务流程设计、车辆流线设计及行包托取流程设计密切相关，现将各种流程介绍如下。

1. 站场业务流程

客运站建设项目承担着接送旅客、组织参营客车运行、为旅客和参营客车提供综合服务等多项任务。客运站通过一系列的站务工作保证旅客安全、及时、经济、舒适、方便地到达目的地；通过计划、统计、经济核算等工作收集、积累原始资料，为管理旅客运输市场、改善经营环境、提高经济效益创造便利条件。因此，客运站的服务过程是旅客运输工作的主要内容，也是客运站场内部流线组织的前提与基础。

公路客运站的服务过程包括旅客及其托运行包的安检、发送、到达，参营客车的接送、到达和停靠等工作。客运站建设项目的业务流程如图 6.1 所示。

2. 流线设计

在客运站内，旅客、行包、车辆的各种活动必然会产生各种比较有规律的流动过程和路线，主要流线有旅客流线、车辆流线和行包流线，它们是车站总体布局的主要依据。客运站建设项目工艺流线如图 6.2 所示。

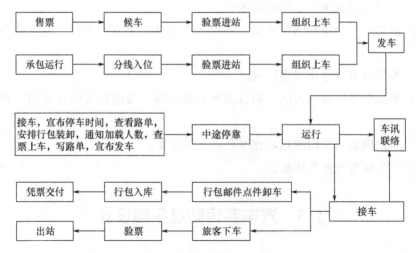

图 6.1　客运站建设项目业务流程

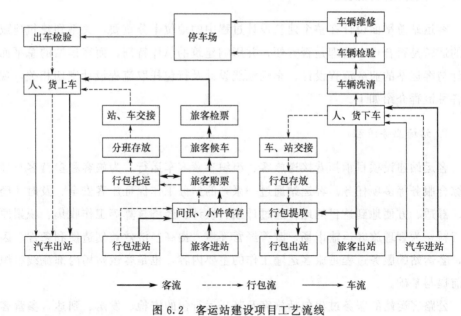

图 6.2　客运站建设项目工艺流线

（1）旅客流线设计

在各种流线中，旅客流线是最主要的流线，旅客流线又分为进站流线和出站流线两种。

1）进站旅客流线的特点：旅客在检票上车前是分散活动的，乘坐各班车的旅客在不同时间分散地进入车站换乘大厅，经过不同的活动过程，如问讯、购票、行包托运和小件寄存等，在候车厅集中。在开始进入站台前分为 20～50 人的群体通过检票口、站台，再进入发车位上车（图 6.3）。

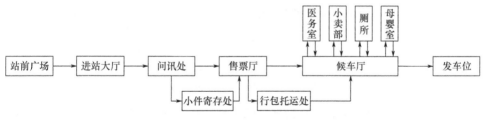

图 6.3　旅客进站流线示意图

2）出站旅客流线的特点：旅客随车进入站内是小批集中到站，经出站口出站后分散。有的旅客就此结束旅行，有的旅客在换乘大厅购票中转（图 6.4）。

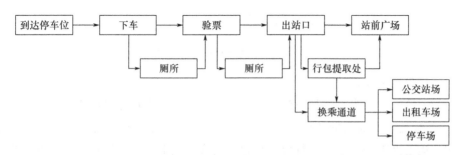

图 6.4 旅客出站流线示意图

（2）车辆流线设计

车辆流线分为出站车流线、到站车流线、过站车流线和公交过站车流线。

1）出站车流线的特点：车辆一般都由车站的发车位分层、分批次发出，旅客经过检票口进入发车位上车，同时车辆装载行包（图 6.5）。为了使站台发车间隔尽可能缩短，除了在发车位合理组织旅客上车和装载行包外，车辆调入和驶出发车位的时间也应尽量缩短。

图 6.5　车辆出发流线示意图

2）到站车流线的特点：车辆都是陆续到达车站的。车辆到达落客带后，除了所有车辆都要旅客下车和卸下行包外，其他活动各不相同，但经过各种活动后又要进入相应的发车位，等待下一次发车。城市公交车到站流程与客运班车相同（图 6.6）。

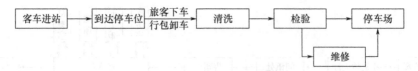

图 6.6　车辆到达流线示意图

3）过站车流线的特点：车辆都是陆续到达车站的。车辆进入车站进行检查、维修等活动后进入指定发车位上、下客，装、卸行包，然后出站（图 6.7）。

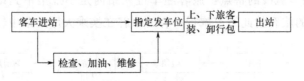

图 6.7　车辆过站流线示意图

（3）行包流线设计

行包流线可分为发送行包流线、到达行包流线和中转行包流线三种。

1）发送行包流线的特点：先分散后集中。需要办理行包托运的旅客陆续依次在托运处办理托运手续，行包在行包房内或行包平台上分散集中，在开车前很短的时间内集中装载到每辆车的车厢底部，以便到达目的地后旅客能及时提取行包（图 6.8）。

图 6.8　发送行包流线示意图

2）到达行包流线的特点：先集中后分散。客车进入车站到达车位后，由装卸员将行包卸于行包平台上，然后用手推车或传送带送至到达行包库房待旅客提取（图 6.9）。

图 6.9　到达行包流线示意图

3）中转行包流线的特点：中转行包卸车后，在行包平台送至相应的发车位临时堆放，开车前装车出站（图 6.10）。

图 6.10　中转行包流线示意图

6.3.2　总平面布局原则

汽车客运站按照以下原则进行总平面布局：

1）根据项目场地的地形、地貌、对外交通条件、功能要求及现有建筑的位置，确定进出站口，合理划分功能区域，主要包括生产作业区、辅助服务区等。各功能区域划分明了，保证各生产环节相互衔接，生产流程顺畅。

2）站内交通组织以单向环形运输通道为主，车流、人流避免交叉干扰，使生产作业顺畅、安全地进行，保证正常的生产秩序。进出场区大门的内部通道为双向运输通道。

3）旅客到达与发送作业区有效分隔，并通过专用客流通道联系，方便旅客换乘，避免到发旅客流线交叉。

4）充分考虑公路客运与城市公交、出租车、社会车辆的换乘联系，预留换乘专用通道和上下车、停车设施，为旅客提供方便的换乘和集中疏散运送服务，避免旅客在站前聚集。

5）在方案布局满足项目工艺和面积要求的前提下，设施布置紧凑，流线简短，节约用地，提高站场面积利用率。

6）站场进出口位置、建筑物的位置和形式等符合城市规划与公路景观设计要求，并充分考虑应急安全、消防安全与环境保护、绿化等方面的要求。

6.4　汽车客运站设计实例

客运站的位置选择与建设地的交通运输网络布局、客运生产能力的形成及客运运营效率密切相关，客运站选址恰当与否直接关系到客运站能否与县内交通密切配合，能否充分发挥城市门户的作用，并且关系到客运站项目建成后使用和管理是否方便、有无扩建可能等。现以新和县二级汽车客运站为例对选址及总图设计进行说明。

根据新和县交通运输局、新和县住房和城乡建设局、新和县国土资源局、国网新疆电力有限公司新和县供电公司等相关单位的实地调查和讨论，拟定的新和县二级汽车客运站位置有三处，具体方案如下：

1）方案一位于新和县南部，解放路与环城路交叉口处，与现新和县三级客运站相距约 2.3km，与新和县政府相距约 1.9km。

2）方案二位于火车站路西侧，西部枣城北部（二期用地范围），用地形状为三角形。

3）方案三位于吐和高速公路连接线西侧，渝新沙砖厂南侧，距离三角地广场约 4.2km。

1. 选址合理性分析

汽车客运站集运输服务、运输组织与管理、中转换乘、装卸储运、信息通信、辅助服务等功能于一体，规划设计时需在确定车站等级的前提下选取合理的场址，保障其功能的实现。客运站的布局和选址与城市空间形态的变化关系十分密切，针对这些变化进行客运站场所的规划，为城市扩容提质，最大限度地满足城市交通运输的需要，是"人便于行、车畅其流"的城市交通规划原则得以实现的重要基础。

方案一选址符合城市总体规划，场址占地面积为 33 370m²，用途为规划中的交通用地，位于环城路和解放路延伸线升级改造项目的交汇点，场区对面为公交车停车场，容易形成客运枢纽和带动商流、物流的发展。沿环城路向北 30km 为库车机场，通过环城路即可将新建的客运站、公交公司、火车站、机场快速衔接起来。客运站是人流、物流的集中疏散点，便于乘客集散、换乘和中转。该场址用地充足，地表无古树名木和其他文物古迹，施工条件好，场地地质稳定，供水、排水、供暖、供配电均可接入市政配套管网。场址西北侧沿解放路、环城路交叉口有管径为 250mm 的市政给水管网、管径为 400mm 的市政排水管网、市政天然气管道。场址内现有 10kV 市政电力管网，能满足新建客运站接入的需要。该场址通信条件良好，能满足新建客运站的通信要求。

方案二选址位于城市用地范围内，土地已报批、未征用，可用面积为 66 660m²，地质条件良好，离新和县火车站较近，容易形成铁路、公路客运枢纽，便于旅客出行。该场址供水、排水、供暖、供配电均可接入市政配套管网，场址南侧沿火车站路敷设有管径为 200mm 的市政给水管网、管径为 300mm 的市政排水管网、市政天然气管道及 10kV 市政电力管网，均能满足新建客运站接入的需要。该场址通信条件良好，能满足新建客运站的通信要求。但实地调查发现场区中间架设有 110kV 高压线路，根据有关规定，高压线路下方一定范围内不允许建有建筑物。经过测算，发现该场址不便于场区的布置。

方案三选址位于城市用地范围内，场址占地面积为 39 975m²，用地充足，为灌木林地及未利用地，未占用基本农田，需上报自治区国土资源厅审批并办理林地征占用手续。该场址供配电、通信均可接入市政配套管网，但由于该选址距离县城较远，需跨越铁路桥，受县城铁路阻隔，不方便旅客集散和换乘，难以形成商业服务圈，且无城市配套供水、排水市政管线，配套设施建设困难。

通过区域位置是否便于旅客集散和换乘、车辆流向是否合理、开发建设条件、对外交通条件、土地利用条件、建设与营运策略、能否带动周边区域发展、对周围环境的影响等多方面的比较分析，认为新和县二级汽车客运站按方案一选址符合交通客运站选址的各项原则，且能充分发挥其运输服务、中转换乘、辅助服务等功能和作用，故本项目选择方案一。

在总平面布局中，客运站房布设在场地的西侧，客运站房西侧为站前广场（图 6.11），站前广场入口北侧为出租车停车场，站前广场入口南侧为社会车辆停车场。发车位布设在客运大楼的东侧，方便旅客上车，同时与布设在场内的待发车停车区分离，避免了车流的混杂（图 6.12）。场区南侧拟建附属建筑包括检测用房等。总平面图详见图 6.13，综合流线如图 6.14 所示。

图 6.11　新和县二级汽车客运站实景

图 6.12　新和县二级汽车客运站发车区、停车区实景

2. 交通组织

（1）客车交通组织

1）客车进站。进站客车可由环城路从客运站入口进站，进站后先到落客区

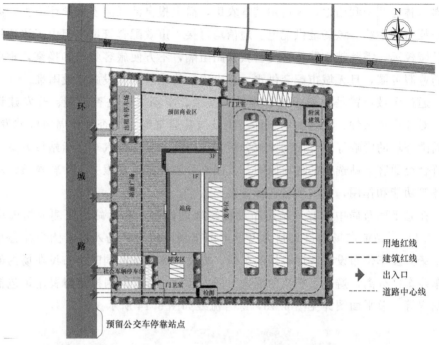

图 6.13　新和县二级汽车客运站项目总平面图

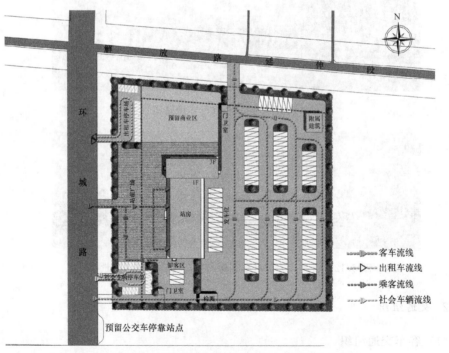

图 6.14　新和县二级汽车客运站项目综合流线图

落客，然后驶往检测用房进行安检，安检合格后可进入停车场待班或清洗车辆，安检不合格的车辆需要驶出维修。

　　2）客车出站。车辆在接收到发班信息后驶往客车发车位等待发车并装载行包，旅客上车后车辆驶离发车位出站。出站客车从车辆出口出站后可经解放路延伸段驶往目的地。客车流线分析详见图 6.15。

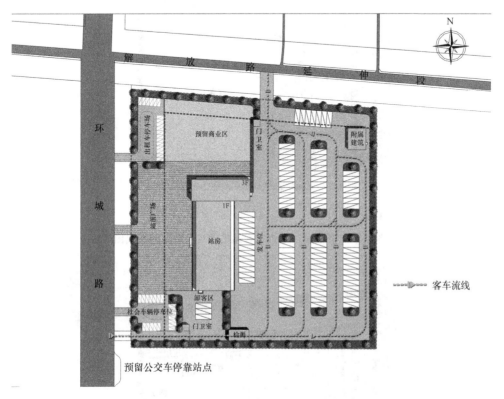

图 6.15　新和县二级汽车客运站项目客运车辆流线图

　　（2）社会车辆交通组织

　　送客社会车辆可经环城路进入社会车辆停车场，接客社会车辆可经环城路去往其他地区。社会车辆流线分析详见图 6.16。

　　（3）出租车交通组织

　　送客出租车可经环城路进入出租车停靠岸线，接客出租车可经环城路去往其他地区。出租车流线分析详见图 6.17。

　　（4）旅客交通组织

　　1）进站旅客。旅客在环城路下车后经由站前广场进入候车大厅进行安全检查、购票候车。

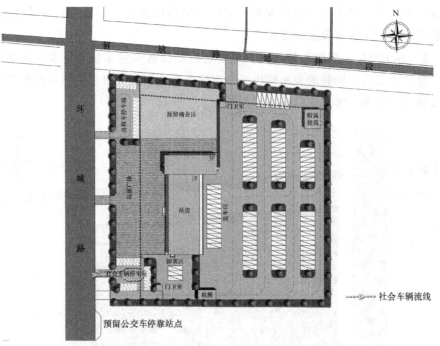

图 6.16 新和县二级汽车客运站项目社会车辆流线图

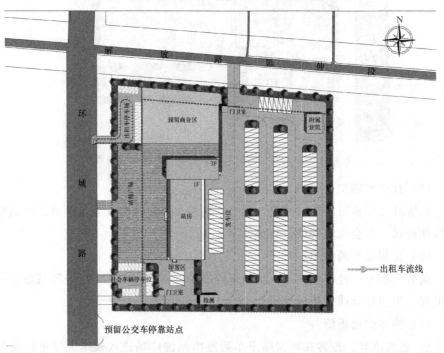

图 6.17 新和县二级汽车客运站项目出租车流线图

2）出站旅客。到站客车在落客点落客后，旅客从客运大楼南侧出口前往公交停靠点和社会车辆停车场换乘其他交通工具。旅客流线分析详见图 6.18。

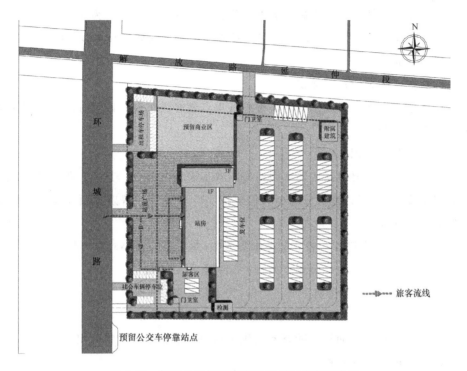

图 6.18　新和县二级汽车客运站项目旅客流线图

6.5　站房建筑规模

　　汽车客运站的站房是客运站的主体建筑，旅客购票、托取行包、候车、进站检票及出站等都要通过站房。站房的规模是否合适、布局是否合理对组织客运、维护秩序、方便营运管理、提高工作效率与通过能力、创造良好的候车环境及城市面貌都有重要影响。

　　站房内各用房的设置与客运站的级别和规模有密切联系，高级别站房内各类用房配置齐全、设施完善，低级别站房内则组成简单，在满足基本使用要求的条件下尽量合并功能用房。依据交通运输部《汽车客运站级别划分和建设要求》JT/T 200—2020 中关于汽车客运站设施配置的要求和附录 B 关于建设规模的量化方法，结合汽车客运站的功能定位，分别计算得出客运站各组成部分的建设规模。主要部分及其面积计算方法如下。

（1）候车厅面积

候车厅是车站最主要的站务用房，是旅客聚集和停留时间较长的地方，其面积应保证在正常情况下能为旅客提供安静、舒适的候车环境。为此，候车厅面积的计算应以旅客最高聚集人数为依据。根据场站建设的理论和实践，按 $1.5\text{m}^2/$人确定候车厅面积。

（2）重点旅客候车室面积

按规范要求和车站规模确定是否配备重点旅客候车室，该部分面积一般不能大于候车厅面积的 $1/3$。

（3）售票厅面积

售票厅面积主要包括售票室面积与购票室面积两部分。其中，购票室面积按每窗口前 20m^2 计算；售票员每小时售票按 100 张计算。售票室面积按每个售票窗口 6.0m^2 计算。

$$售票窗口数＝旅客最高聚集人数/每个窗口每小时售票数$$

$$购票室面积＝20×售票窗口数$$

$$售票室面积＝6×售票窗口数＋15\text{m}^2$$

$$总控室面积＝20\text{m}^2$$

$$售票厅面积＝购票室面积＋售票室面积＋总控室面积$$

（4）行包托运处面积

行包托运处面积主要包括托运厅面积、行包受理作业室面积和行包库房面积。

完成行包托运的一组人员及其配套设施称为托运单元。二级车站一般设置 $2\sim4$ 个托运单元。

$$托运厅面积＝25\text{m}^2/托运单元×托运单元数$$

$$行包受理作业室面积＝20\text{m}^2/托运单元×托运单元数$$

$$行包库房面积＝0.1\text{m}^2/人×旅客最高聚集人数＋15\text{m}^2$$

$$行包托运处面积＝托运厅面积＋行包受理作业室面积＋行包库房面积$$

（5）行包提取处面积

行包提取处面积按托运处面积的 $30\%\sim50\%$ 计算。

（6）综合服务处面积

综合服务处服务内容包括小件寄存、问讯、邮电通信、失物招领、信息服务等，其面积为

$$综合服务处面积＝0.02\text{m}^2×设计年度平均日旅客始发数量$$

（7）站务员室面积

$$站务员室面积＝2.0m^2/人×当班站务人数＋15m^2$$

（8）驾乘休息室面积

$$驾乘休息室面积＝3.0×发车位数$$

（9）调度室面积

一级、二级汽车客运站的调度室使用面积不宜小于 $20m^2$。

（10）治安办公室面积

根据规范，治安办公室面积按 $15～30m^2$ 计算。

（11）广播室面积

根据规范，广播室面积按 $10～20m^2$ 计算。

（12）盥洗饮水处面积

盥洗饮水处面积按 $20～30m^2$ 计算。

（13）旅客厕所面积

$$男厕所面积＝1.2m^2/人×6\%×旅客最高聚集人数＋15m^2$$
$$女厕所面积＝1.5m^2/人×5\%×旅客最高聚集人数＋15m^2$$

（14）机房面积

按照规范，机房面积按实际需要确定。

（15）行政办公用房面积

行政办公用房主要包括管理人员办公室、会议室等，根据《党政机关办公用房建设标准》的要求确定。

（16）旅游集散中心面积

旅游集散中心面积根据实际情况确定。

（17）司乘公寓面积

司乘公寓面积按日均发车班次计算，每 10 班次面积按 $20m^2$。

（18）商业用房面积

商业用房面积根据实际需要确定。

6.6　站房设计理念

1. 功能分区合理，和交通组织协调紧密联系

站房布局应充分考虑总体布局，并和站前广场规划设计紧密联系，使旅客在站房内的活动路线简捷、通畅，尽量缩短旅客的进出站流程，避免各种流线间的

相互干扰，方便使用和管理。同时，尽量为旅客创造方便、舒适的候车环境，提供完善的设施设备，也为管理人员提供良好的工作环境，便于管理工作的顺利进行。

2. 通过合理布局提升资源配置水平

荒漠区客运站设计首先要保证汽车客运站的功能完善，可全面满足客运的实际需要，保证最大限度实现城镇的交通服务功能。汽车客运站集交通、商业、餐饮、文娱等多种功能于一身，既能让人们的出行需求得到有效满足，也降低了等待车次过程的无趣性。服务对象群体数量也会因为车站功能的丰富而大幅增加。车站不仅可以为旅客提供服务，附近的城镇居民也可以到此进行购物或满足自身的其他需要。这对于客运站的临街面价值发挥来说有着不可替代的作用，商业经营的收入也可作为汽车客运站运行资金的辅助来源，有助于保障汽车客运站后期的运营维护及扩大规模。

3. 地域性的立面设计

作为城镇的门户，汽车站立面设计必须充分展现地域性及功能的丰富性。如何结合时代变迁保证自然环境和人文环境的协调统一，对于设计人员来说难度较大。要充分尊重当地的物质条件和民风民俗，有效挖掘本区域多年来形成的习俗背后的文化内涵，结合车站的使用需要，保证建筑被当地人熟知，并通过功能的丰富与服务形式的改进和提升，积极创新设计方案。

6.7　汽车客运站站房设计实例

1. 福海县汽车客运站

福海县位于新疆维吾尔自治区北部，阿勒泰地区中部，准噶尔盆地古尔班通古特沙漠北部，阿尔泰山以南地区；东临富蕴县，西接和布克赛尔蒙古自治县和吉木乃县，南跨准噶尔盆地与昌吉回族自治州毗邻，北靠阿勒泰市，最北端和蒙古国接壤，边境线长 55.67km，县境南北长 350km，东西宽 25～150km，总面积 32 400km²。福海县县城南距新疆维吾尔自治区首府乌鲁木齐市 637km，北距地区行署驻地阿勒泰市 99km。奎北（奎屯市—北屯市）铁路在城区北侧边缘穿过，克阿（克拉玛依—阿勒泰）高速在城区南侧穿越，目前高速公路已经具备通车条件，因此福海县城的交通优势将进一步凸现，为自治县未来路网的完善提供了重要支撑，具有明显的地理区位优势。

福海县三级客运站全站占地面积为 12 100m²，其中站前广场 2044m²，停车场 3494m²，建筑面积 1045m²（售票厅、候车厅面积为 376m²，综合服务处面积为 44m²，驾乘人员休息室、值班室、视频监控室、公厕、车辆安全例行检查站、微型消防站、寄存室、办公室、会议室等面积共 625m²）。

2. 新和县二级汽车客运站

新和县地处天山南麓，位于新疆维吾尔自治区首府乌鲁木齐西南；东与库车县隔渭干河相望，西与阿克苏市、温宿县地界相交，北依天山支脉却勒塔格山与拜城县为邻，南与沙雅县地界相接。县城距乌鲁木齐市公路里程为 794km，东距库车县公路里程为 43km，西距阿克苏市公路里程为 216km，南距沙雅县公路里程为 43km，北距拜城县公路里程为 146km。新和县位于古丝绸之路天山南麓北道，南疆铁路、库阿高速和 314 国道横贯县境，国道、省道穿城而过，217 国道、机场距离县城中心不足 30km。该县交通便利快捷，是南疆重要的交通枢纽。

新和县二级汽车客运站站房设计为现代风格，建筑面积为 3879m²，包含候车厅、售票厅、行包托运厅、调度室、治安室、广播室、饮水盥洗室、男女旅客厕所、办公用房、司乘公寓、商业用房等。

3. 乌什县二级汽车客运站

乌什县位于新疆塔里木盆地西北边缘的天山南麓，北部有天山山脉，经英沼尔山与吉尔吉斯斯坦共和国接壤，南部隔卡拉铁克山与柯坪县相望，西部与阿合奇县毗邻，东邻阿克苏市和温宿县。县城位于乌什县境中心偏西，距离新疆维吾尔自治区首府乌鲁木齐市 1111km，距离阿克苏市中心 111km。

乌什县二级汽车客运站站房设计为徽派建筑风格（图 6.19），建筑面积为 3065m²，包含候车厅、售票厅、行包托运厅、调度室、治安室、广播室、饮水盥洗室、男女旅客厕所、办公用房、司乘公寓、商业用房等。

4. 其他客运站

图 6.20 所示为阿克苏地区库车县一级汽车客运站。该车站用地面积为 61 141m²，建筑面积为 6433m²，竣工时间为 2021 年 8 月。

图 6.21 所示为阿克苏地区阿克苏中心汽车客运站。该车站用地面积为 11 527m²，建筑面积为 10 307.45m²，竣工时间为 2020 年。

图 6.19　乌什县二级汽车客运站站房正立面

图 6.20　库车县一级汽车客运站外立面

图 6.21　阿克苏中心汽车客运站外立面

图 6.22 所示为巴音郭楞蒙古自治州地区伊吾汽车客运站。

图 6.22　伊吾汽车客运站俯视图

主要参考文献

[1] 新疆维吾尔自治区交通运输厅.2020年新疆维吾尔自治区交通运输行业发展统计公报[R].2021.

[2] 国家统计局.中国统计年鉴[J].北京：中国统计出版社，2020.

[3] 章竞屋.汽车客运站建筑设计[M].2版.北京：中国建筑工业出版社，2000.

[4] 付瑶.客运站建筑设计[M].北京：中国建筑工业出版社，2007.

[5] 张飞.城镇汽车站建筑设计思考——以河曲汽车客运站设计为例[J].中国住宅设施，2021（1）：78-79.